旅美资深育儿专家
教你轻松应对二胎养育难题

二宝驾到

丘引 著

青岛出版社
QINGDAO PUBLISHING HOUSE

爱孩子，爱到心坎里

——丘引

好友向小姐在 Skype（一款即时通讯软件）上问我，有没有兴趣写一本关于二胎生育指导的书，可以在中国开放"二孩"政策后，帮助那些可以生育二胎的年轻朋友们。我当下就兴致勃勃地，像是西方踏入婚礼的新人一样肯定地说："I do！"

我答应得这么快的原因是，除了自助旅行外，亲子教养的书是我最擅长并喜爱的写作领域。我不只在台湾省的报纸和杂志上写过不少亲子教养专栏文章，同时也出了很多本亲子教养的书。原因只有一个，我实在太爱小孩了。

而且，我虽在美国上大学时就读的是数学系，却同时修了儿童心理学和所有的教育学学分。原因还是只有一个，我实在太爱孩子了。

我爱孩子爱到什么样的程度呢？"我妈妈喜欢去 Walmart（沃尔玛超市），不是爱买东西，而是那儿会有很多父母带小朋友去买东西。这样她就有机会可以和小朋友玩，也可以看小朋友。"这是我的女儿常对别人说的话。她甚至还警告我："看看可以，玩玩也行，千万别诱拐人家的孩子回家哦。"女儿是老二，也是老幺，可以得到父母很多的注意力，"万一妈妈生老三，那我就要变成爹不疼娘不爱的中间分子了。"对于维持住老二的地位，女儿向来就认真得很。所以，女儿就像有一双老鹰的眼睛，随时

注视着妈妈的一举一动，深恐妈妈即便生不出孩子了，还要领养一个孩子回家，那就会改变她的命运。

相较于我的女儿护卫她老二地位的行为，我的儿子虽是老大，他却不想当老大，"妈妈，我要一个哥哥或姐姐啦！妈妈，你给我生一个哥哥或姐姐好不好？"也许，老二是很吸引人吧！要不然，为啥我的儿子要自动放弃当"老大"的权利呢？至今，他还是不想当老大，他说，"当老大有什么好？老大至少寂寞了将近五年没有手足。"可见，受独宠将近五年的儿子，就想有个"手足"来做伴。

何况，开放"二孩"政策可是中国历史上的大事，想到能在此时做点自己力所能及的事情，有机会帮助年轻朋友们，为他们提供做决定的方法，让他们得以做一个对自己、对家庭以及对孩子最有利的决定，并能给予他们一些更具前瞻性的教养孩子的思考、观念、行动指南，为中国的未来一代开创更文明的生命、做更文明的人，我感到万分荣幸！

感谢在集美高中教英文的陈巧真老师，带我到集美学村参观陈嘉庚所捐赠并设计的集美小学、集美初中、集美高中、集美大学，陈嘉庚为教育所做的慷慨奉献令我感动万分。

陈巧真老师在就读北京师范大学时，在她同宿舍的 6 个室友中，唯独她自己是家中唯一的孩子。"真奇怪，其他人都有兄弟姐妹，只有我没有。"她说。

还要感谢福州来的李文娟，她不只是我在厦门的接待家庭，还和我分享她是家中老二的心情，她说"真好，我出生了"。文娟的妈妈生了两个女儿，从小不断教给孩子男女平等的观念。如今，文娟在美国的公司工作得如鱼得水。

"妈妈不缺钱，但我每隔一段时间就拿一笔钱给她。妈妈还是很开心女儿有能力回馈妈妈。"文娟说。

羊年的除夕，我邀请西安的陈海歌、重庆的萧尧和厦门的陈佳莉三个在美国交换的高中生来我家吃年夜饭，他们家中兄弟姐妹的情况是两独一双。他们认为独生子女压力太大，父母期望太高，所以他们很认真地考虑，将来要生两个孩子。大年初二我又邀了他们来吃饭，还增加了青岛的牛奕帆和武汉的许中人，变成了四独一双。这些90后的青少年视野宽阔，思想前卫，许中人甚至强调，将来他要生两个女儿，不要儿子。

一本书的完成，绝对不只是作者一个人的努力而已。该感谢的人太多了。素未谋面的向小姐，有如老朋友般与我在Skype上交换想法。我实在钦佩她做事的精神、能力以及热情，如果没有她居间当桥梁，《二宝驾到》就不会诞生。还要感谢青岛出版社的周鸿媛编辑，以及胡敏晔、邹威、卢晟晔、才永发、杨力、向小芬、陈文渊、李丽、向远菊、凌永故、高红敏、周飞、金跃军、李丹、宋华、张雪松、钟倩、徐红进、陈秀红、范会英、向勇、王美凤、霍忠、熊耀峰、张立良、周文宝、陈方俊、向远梅、汪传翠、刘祥亚、石丽棋、王志艳、吴晓飞、李敬、陈红党、周天睿、郑衡泌、赵文娟等好友对我的大力支持。

但愿，《二宝驾到》能给年轻朋友们以实质性的帮助，让家里的第二个天使在充分准备下出生，让我们的孩子们都不再孤单！

目录

3 孕前准备

1

开放"普遍二孩"政策的时代背景

这一章将帮助你了解开放"二孩"政策下的各种关系，增加你全面思考的能力。如果这一章对你做出生不生"二宝"的决定没有什么影响，请跳过，直接从第二章读起吧。

"普遍二孩"政策解读

1979 年，上海率先实行独生子女政策，到 2014 年，已是三十几年过去了，而上世纪 80 年代之后出生的人，除了少数幸运儿（双胞胎甚至多胞胎的情况），几乎都是在没有兄弟姐妹的环境下长大的。

1. 你有机会自己做出一个决定

如今，为人父母的你们有机会做出一个决定，选择自己要不要生第二个孩子。我想，有选择的机会，不论是生还是不生，都是一件好事，值得庆贺。

中国人口数量庞大，要养活这么多人，实在不是件容易的事。正如国家卫生计生委发言人在 2013 年 11 月 11 日的新闻记者会上表示的，今后相当长的时期内，人口多、底子薄、人均资源占有量较少、环境容量不足、发展不平衡，仍然是我国的基本国情，人口对经济、社会、资源、环境的压力也将长期存在。我们必须长期坚持计划生育基本国策不动摇。

一胎化的政策，基于当时的国力和经济方面的考虑，是一项积极和必要的决策，影响了整个社会、每个家庭，甚至每个人。当然，我们的文化也因此而改变了。

"一对夫妇只生一个孩子"施行的结果是，中国少生了四亿人口。这对中国当时的社会发展，贡献良多。

21世纪，随着整个社会结构的改变，经济实力的大幅提升，富裕的中国社会也伴随着人口结构的改变，产生了一些矛盾。计划生育政策的改变，也成为必然。

2. 生育还是要有计划

"计划生育"的定义，是基于人口与社会发展的综合概念，当人口负增长严重时，鼓励生育，也属于计划生育。

中国社科院人口与劳动经济研究所副所长张车伟就"计划生育的两个目的"表示："第一，要追求人口本身可持续发展，生育过多或过少都是不利的；第二，要让人口和经济社会发展相协调，人口发展要符合社会经济发展的现实和需要。"张车伟还指出，这就是今后中国计划生育的走向。

这就是为什么人口政策要改变，要从一胎化政策，变成"单独二孩"，又调整为"普遍二孩"政策的重要原因。

当前中国社会人口
状况及其特点

1. 劳动力匮乏

近几年，我国各领域的企业，薪资普遍大幅度上涨，而一些付不起高薪的下游工业在缺乏劳动力之下，纷纷走出中国，迁址到邻近的亚洲国家。而上游的科技业等高端行业，则有回迁本国的打算，如美国的一些跨国公司，也因美国总统奥巴马的制造业政策，计划迁回美国。这对中国来说，当然不是好事。

劳动力是经济发展的重要因素，没有劳动力，或缺乏劳动力，抑或劳动力成本高，都会使企业竞争力下降。因此，企业家就会寻找另外的劳动力充足且便宜的国度去发展。全球经济版图在不断地移动，劳动力是企业最重视的影响经营成本的因素。

因此，劳动力是一个国家在经济发展中最重要的基本因素之一。劳动力的缺乏，劳动力成本的上升，都将成为经济发展的隐患。不放开"二孩"政策，劳动力减少，中国的经济如何继续发展下去？经济发展不好，又如何提高人民的生活水平？

有道是"由俭入奢易，由奢入俭难"，在我国实行对外开放经济政策后，经济快速发展，综合国力不断提高，人民的经济收入得到提升，生活质量自然也大幅改善，生活舒适多了。如果经济不仅不能继续发展，反而因为劳动力的减少，经济不得不往后退，人民的生活质量也随之降低，甚至可能再回头过苦日子。我想，吃过经济发展甜头的人，没有人愿意看到那样的局面出现。

这就是《十二届全国人大二次会议》所考虑的经济面的劳动力短缺问题。国家卫生计生委副主任王培安指出，中国人口形势的重大变化中，人口结构性问题日益突出。劳动年龄人口开始减少，2012 年比 2011 年减少 345 万人。2023 年以后，年均将减少约 800 万人。

中国的生育率水平，在"普遍二孩"政策实行后，将从 1.5~1.6 上升到 1.8~1.9，预计将增加 300 万 ~800 万人口。

2. 老龄化带来隐忧

由不得你不信，中国已经跻身老龄化国家了。

不但如此，中国还是全世界老年人口最多的国家。

因为进入老龄社会时间很短，我们还没有准备好应对人口老化带来的诸多问题，所以，老年问题将成为中国社会现在和未来所面临的相当大的挑战。

依据联合国（UN）对人口老化及老龄社会的定义，一个社会中65岁以上的老年人占到总人数的7%以上，就是进入了老龄化社会。我国是1999年开始进入老龄化社会的。

老龄化社会是全球趋势。第二次世界大战后，欧洲那些富裕的工业国家，如德国、英国、瑞典、美国等国领头，因着经济增长、医学进步、社会安全程度提高、教育普及等因素的共同影响，逐渐进入老龄化社会。因此，先富后老，或富老同步，是典型的老龄化社会现象。中国进入老龄化社会只有27年，算是很年轻的老龄化国家。但是与其他国家不同的是，我国是未富先老，也就是说虽然国民所得尚未达到一般老龄化社会的条件，却已经进入老龄化社会了。

根据联合国的预测，21世纪上半叶，中国是全世界高龄人口最多的国家，占了全世界高龄人口的1/5强。而2030年，中国将有2.4亿高龄人口；到2050年，这个数字将上升到4.6亿。这样庞大的高龄人口所带来的社会影响，尤其在经济方面，将是非常巨大的冲击。

再根据"世界观察研究所（World Watch Institute）"的观察，人口老化和性别失衡，将是中国13亿人口结构下所隐藏的大危机。因为一胎化政策，大多数孩子要养太多的老人，负担沉重；还有高龄化、少子化、男性化，都是中国社会的特殊结构。（备注：摘自丘引著作《后青春：优雅的老》（中国财富出版社出版）的序言）

3. 人口政策为什么要改变？ "421" 后果严重

国家卫生计生委副主任王培安指出，由于劳动年龄人口减少，人口老龄化速度加快，2013 年 60 岁及以上老年人口将达到 2 亿，21 世纪 30 年代中期将达到 4 亿，占总人口的比例将从目前的 1/7 提高到 1/4。

中国老龄科学研究中心专家表示，放开二胎政策是中国人口发展的一件大事，虽然可能因为这个政策实际增加的人口数量有限，但是要看到，这个政策的变化传递出一个信号：中国在人口发展处在十字路口的时候，做出了政策的调整。

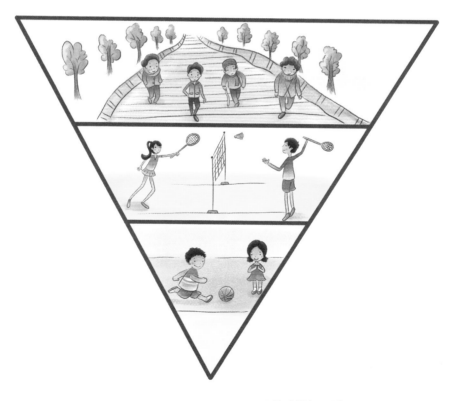

从中所透露出的讯息，就是金字塔变成倒金字塔的隐忧。当爷爷奶奶辈4人＋父母辈2人，也就是6个老人要依赖1个孩子来照顾时，这样的"421"现象所呈现出的不均衡产生的压力，足以压垮年轻一代。"普遍二孩"政策有助于增加年轻人口，将"421"的家庭结构变成"422"的结构，降低一胎化所带来的压力。

4. 性别严重失衡。找不到人结婚，怎么办？

由于中国文化上的功能主义导致重男轻女思想长期存在，男孩除了继承家庭姓氏、延续家族香火外，还要赡养自己的父母和爷爷奶奶。另外，男性还是家庭的主要劳动力，因此华人特别偏爱和重视男婴的诞生。

基于这样的文化背景，一胎化政策实行后，性别失衡的问题加剧了。现在，我们来看看数据：

年度	男婴和女婴的比例
1979	106：100
1990	111：100
2005	121：100（农村地区有的高达130：100）
2010	118：100
2012	117.7：100

从以上的数据来看，1979年时，中国每出生100个女婴，就会有106个男婴出生。此后比例逐年加大，到2005年时达到高峰，每

出生 100 个女婴，就会有 121 个男婴出生。性别失衡如此严重，可想而知将来会产生多么严重的社会问题。

长期以来，中国婴儿出生的性别失衡，直到 2012 年还高达 117.7∶100，这也是放开"二孩"政策的原因之一。

因为性别失衡严重，目前中国二十岁的年轻人中，男性数量比女性多出 3200 万。这意味着，有 15%~20% 的中国男性将没有机会娶到中国的女性。

找不到媳妇结婚，当然是非常严重的社会问题。解决之道，通常是从邻近经济较不发达的国家找来女性加以补充。过去的日本等亚洲国家，甚至西方国家也曾有相同的现象发生，如早期美国的邮购新娘。但那些国家的性别失衡都没有目前中国这么严重。

"二孩"政策让人们多了个选择，年轻人在生育子女问题上有了更大的弹性，有助于解决潜在的社会问题。

5. 家庭规模持续缩减

国家卫生计生委副主任王培安还指出，我国的家庭规模持续缩减。第六次人口普查数据显示，全国户均 3.1 人，较第五次人口普查时减少 0.34 人。独生子女家庭 1.5 亿多户，独居老人的比例也有所提高。

家庭规模缩减，和独居老人相关联，是令人万万想不到的。独居老人的照片常常出现在各种媒体上，是我们不得不面对的问题。老人独居举世皆然，如西方文化下老人喜欢自己一个人居住，喜欢独居胜过和他们的成年子女一起居住。但中国的文化中，"老有所养"的观念持续影响着社会的行为，老人独居的能力也因此而降低。

6. 城乡的生育意愿差距在缩小

随着我国工业水平的发展，经济的进步，生活质量的提升，城乡的生育意愿差距也在缩小。2001 年，中国家庭平均想生 1.7 个孩子；2002 年，是 1.8 个孩子；2006 年，则是 1.73 个孩子。

对此，国家卫生计生委副主任王培安表示，城乡居民生育意愿发生了很大的变化。随着经济社会的发展和群众生活水平的提高，少生优生、优育优教的生育观念正在形成。

从这儿我们可以解读成：中国人在教育和生活质量提高后，已经脱离"多子多孙多福气"的传统观念，即便是住在农村的人，也未必想生第三个孩子，"重质不重量"成为普遍的准则。

如果你读完第一章后，觉得这个政策和你个人关系重大，还有可能改变你的一生，而想继续探索下去，那么，欢迎你往下继续读，这本书就是为了帮助你而写的！而且，有趣的内容都在后面呢！

2

二孩，要还是不要？

生，还是不生？
慎重决定

1. 不同年代的人，答案不同

如果你是成长在旧时代，这个问题一点儿也不是问题，你问十个人，十个人给你的答案都是一致的。

旧时代人的世界简单，只要照着前人或祖宗的做法就对了。而且，他们可能认为，生个孩子，只是多一双筷子而已。旧时代的人，以不变应万变。一个想法，可以活一辈子。一个观念，可以到哪儿都行得通。但时代在进步，多一个人，绝对不只是多一双筷子而已。时代变化快速，稍不留神世界就悄悄地变了。

所谓数字原住民，是出生在 20 世纪 70 年代或 20 世纪 80 年代，是生活在计算机时代、网络时代，甚至是智能型手机时代的人。基本上，你只要用一根手指在屏幕上划来划去，整个世界就在你的指头下了，你的思维当然和旧时代的人不一样。

你成长在一个世界变化极为迅速的时代，信息很多，多到随时都能淹没自己，甚至让自己失去思考做决定的能力。今天的研究报告说喝咖啡会增加骨质疏松症风险，明天的研究结果则说喝咖啡会降低得心脏病的几率。看来，做决定，不只是依靠信息而已。

2. 重大决定，要考虑再三

这个世界是如此复杂，如此千变万化。如果你已陷入困惑，那么就让我来帮你一一解开那些困惑。

如果要我指出生二宝的好处，我可以讲述三天三夜，原因是我实在太爱孩子了。但我不想把你搞得太累，因为我知道你在照顾大宝时，已经体力透支，没有很多时间可以慢慢地摸索。

我曾就读于美国一所大学的数学系，这门学科教给我凡事简单化，可以一目了然。当然，简化的前提是一定要符合逻辑。数学讲究的是逻辑，而逻辑，是经得起考验的。数学，就是既要讲究事实，又要符合逻辑，不能凭空瞎想。

我出生在上有哥哥、下有弟弟妹妹的家庭。我的成长历程中有很多的欢乐都是与他们一起度过的。而我自己也拥有两个孩子，陪着他们成长，看着他们互动，因此我拥有的与兄弟姐妹相处的经验，算是非常丰富了。

我自助旅行走过五十几个国家，我的两个孩子，也分别跟着我跑过二三十个国度。不只这样，我还刚刚结束一个人在美国东部开车旅行六个月的旅程，全程几乎都住在陌生人的家里，看过了很多不同家庭拥有一个或者两个孩子带来的差异。我的人生历练与众不同，再加上我的数学专业背景，希望在你身处这最重要的人生十字路口时，为你提供一个冷静、客观而又美丽的关于未来的参考。

3. 把未来会面临的实际问题想在前面

当孩子越长越大时，各种问题接踵而来，而且是各个方面都有，不一而足。对父母来说，孩子长大，等于挑战性增强，但也因此而更有趣，更值得去面对。没有挑战的人生，就少了成就，也缺乏共鸣。

费用增加，就是挑战之一。这时候你会发觉，孩子今天回家要这个钱，明天回家要那个钱。今天孩子说脚疼了，原来是鞋子太小了——其实，不是鞋子太小了，而是孩子的脚长大了——所以，得换双大一点的鞋子。

明天孩子又喊牙齿痛，原来是在换牙了。乳牙开始松脱，可能还有牙齿不齐需要矫正的，要带他去看牙医，更多高昂的费用在等着你。

后天呢，又有你想也想不到的问题出现，好像每天都层出不穷，有如排山倒海似地蜂拥而来。你不接招吗？当然不行。接招吗？又好像应接不暇，没完没了。

然后，转眼之间，那个"小萝卜头"个子比你都高了。

原来，这就是费用花去的地方，钱并没有白花。这时候你才会了然于心地说：啊！原来如此。

这个原来如此，代表的就是成就。

其实，有些花费是可以相抵的，有些花费是没有必要的，要靠你的智慧去判断。如果你的孩子非学很多才艺不可，钢琴、小提琴、围棋……哪个都不舍得放弃；也非补习不行，英文、数学……科科都要加强，那么，你就咬紧牙关吧！相反地，你也可以轻松自在，陪孩子玩，和孩子聊聊……这些是免费的。

两个孩子性别相同时成本较低。

抚养性别相同的孩子，在很多方面花费较低，因为孩子的衣服、

鞋子等用品都可以由老大传给老二，或者两个孩子互相交换着穿。

性别不同的孩子，就传统来说，衣着鞋帽共享的几率不高，除非孩子不介意穿中性的衣服。若是如此，父母在为孩子买衣服时可以中性为主，不要选择性别特征那么明显的，这样也可以达到省钱的目的。

另外，接受别人家孩子穿不下的衣服鞋帽，也可以省下巨额的置装费。例如，我家的两个孩子就常常穿亲戚朋友送的二手衣服，我们在衣服上没有花费太多钱。

而学校的教科书和参考书，如果可能，也可以接收年纪差不多的孩子用过的，并无太大影响，除非教科书版本大幅更改。

若孩子参加的活动以性别为区分，那么同性别的孩子的家庭就会因此受益。例如，孩子参加舞蹈乐团表演，或是参加童子军或女童军等活动时，两个孩子就可以做伴了。

反之，性别不同，什么都需要两套，什么都要买新的，尤其是个性非常执着和坚持己见的孩子，难以妥协，这时，父母也别为难孩子，该买两套就两套吧。

尊重孩子的需求和自主权，父母是别无选择的。请相信我，偶尔放弃父母的威权或个人的意见和喜好，会有意想不到的好处。若花一些钱可以换得一些未来的好处，又何必那么执着呢？

上大学的费用：学费开销 ×2。

两个孩子，就是两份费用，尤其是上大学时，花费比中小学要多很多。而且，上私立大学的价钱又比公立大学昂贵，去国外上大学又比在国内上大学昂贵。

究竟孩子上什么大学最好？有些父母希望孩子上清华、北大，但清华、北大只有那么多名额，进不去的概率很高。同样的，上海复旦大学、人民大学、西安交通大学……这些第一线的名牌大学竞争激烈，从小学到大学所花的费用也可能较高。但上什么大学并不是决定一个人未来的主要因素，更重要的还要看如何教养。

若孩子想到外国上大学，则不同的国度价钱也很不一样。有些欧洲的大学，是免费的。例如，我认识的一位在芬兰上大学的来自中国的年轻朋友就告诉我，他在国内时初中和高中都读得不怎么样，但申请进入芬兰大学就读，学费全免。几年后大学毕业了，又申请上了芬兰的研究所，这所研究所还会供给打工者奖学金。他的出路，并不比那些北大、交大、清华出来的差。

当然，在哪一个国家上高中或大学，情况是不一样的。西方国家的高中和大学提供奖学金的历史悠久，例如我在美国的大学读了6年，都是申请奖学金读过来的。同样的，我的女儿在美国读大学，也全是靠奖学金支付学费的。既然有奖学金拿，我们就不需要自己掏腰包上学了。

孩子逐渐长大，打开视野，也开放思维，许多机会可能会出现，但前提是不要设限。

结婚时婚礼的花费。

看着孩子长大成家，是很多父母的渴望，他们认为到了那一步，才算了却心愿，完成当父母的责任。

而结婚婚礼的花费，两个孩子自然会比一个孩子多。不过，这也要看孩子们要的婚礼方式是什么，在哪儿结婚，价码会有很大的差别。

例如，孩子若是在国内结婚，又采用传统习俗的结婚仪式，那么，婚礼上的花费可能主要由男方负责。但如果选择了经济的婚礼方式，例如集体婚礼、公证结婚，花费则要少得多。而若孩子是在西方国家结婚，尤其是在美国，那么女方的父母要承担的费用较高，而且比男方高非常多。

因此，我就对我的两个孩子开玩笑说，如果他们是在国内结婚，儿子最好是公证结婚，到法院办个仪式，简单又省钱。而若在美国结婚，反正男方父母只要支付彩排婚礼（结婚典礼的前一天是彩排婚礼）那天的费用，包括晚餐，所费不多，我当可承担。但若女儿结婚，千万别在美国举行婚礼，那可是无法承受的沉重负担。

我的孩子们听到妈妈开这样的玩笑，都狠狠地敲我的头，说我专门出鬼点子。其实婚礼只是一种仪式，豪华婚礼又不保证王子和公主从此就过上了幸福的生活，又何必为了仪式而大费周章呢？

我的一位美国朋友爱丽斯喜欢自己动手，她不但为自己做婚礼的白纱礼服，连她的妹妹结婚时的白纱礼服也是她亲手缝出来的。这还不算，等到爱丽斯的儿子要结婚了，一大群人在等着他们上礼车到教堂举行婚礼时，爱丽斯却不疾不徐地先为儿子剪头发，然后又帮准媳妇剪头发。

花不花钱，看个人的选择。爱丽斯的婚礼省钱，甚至帮妹妹和儿子的婚礼省钱，而且还办得特别有味道，与众不同！

4. 付出多，收获也大

在养育两个孩子的过程中，不光有金钱的支出，还有精神的耗费，体力的消耗，看起来都是在支出，但其实不然。

这是人生的过程，少了这个过程，人生的版图就少了一块，不完整。而人生的历练，有时候是可遇不可求的。

我的朋友史蒂夫因为妻子难以受孕，在结婚七八年后都没有孩子，最后寻求医疗上的协助，花了一万美金人工受孕，终于得到一个女儿。

他说，幸而那笔费用是用他们夫妻工作的公司购买的保险支付的，

要知道二十几年前的一万美金，可是一笔相当可观的费用。

另外，我还有一个朋友，在有了老大后，一直想要老二，但夫妻用尽各种方法，还是白费力气。最后，也是求助于人工受孕，第二胎居然就来了三个宝宝。

要一个给三个，让这对夫妻傻眼了。一时之间，要养四个孩子，无论奶粉、衣服、婴儿用品，还是照顾孩子所需的人手，都是大工程。而且，若聘请保姆，费用不菲。因此，我的朋友就辞掉报社的工作，在家亲自照顾三个宝宝和老大。

朋友们知道了他们的处境，纷纷主动将自己家孩子穿过的衣服、用过的玩具和用品送到这位朋友家，也算小有助益。

不论如何，我喜欢拥有两个孩子，因为，两个孩子的个性不同，爱好也不一样，我享受了他们带给我的挑战和随之而来的乐趣，这让我觉得人生更精彩了。

少了孩子，我自己的人生可能都会感觉太单调了。我还经常公开感谢我的孩子选了我当他们的妈妈，让我有机会学习当妈妈，也享受两个不凡的生命。我的一双儿女在高中之前，和妈妈是铁三角的自助旅行伙伴。我们的足迹出现在很多渺无人烟的国度，在各个地方一起学习，一起成长。

由于我热爱旅行，因此在教养一双子女上，是采取旅行教养。对我来说，是通过旅行在教养孩子，多数时候我们的关系是伙伴。在教养的路上，我没有太辛苦。

即使用庞大数目的金钱和我交换，让我别当妈妈，不要有两个孩子，我也会拒绝的。我享受过的快乐，不是金钱能计算的，也不是金钱能买得到的。如果你问我要钱还是要孩子，毫不迟疑地，我要孩子。

生二宝的好处有哪些

1. 大宝有伴

"给大宝找个伴吧，看他一个人孤零零的，怪可怜的。"有的人听到"二孩"政策放开时首先想到的就是：既然有机会可以生孩子，给大宝生个伴，多好啊！

还有人会想，万一我们夫妻老去后，在这个世界消失了，那时候就剩下大宝一个人留在这个世界上，万一有个麻烦事，连个说体己话的人都没有，想想就叫人担心呢！

别说大人怕孤单，小朋友也怕孤单啊！随着孤单而来的是寂寞。而孤单和寂寞，正是现代人健康的杀手。在工业社会里，人们脚步匆匆，大家每天都忙于自己的事业、工作、家庭和兴趣爱好，少有时间慢下来好好地交朋友。

小朋友最需要玩伴。当小朋友有玩伴一起玩，一起成长，一起唱歌，一起吃饭，一起读书，甚至一起洗澡……小朋友们的笑声，仿佛要把屋顶掀翻了。那种快乐，是金钱买不到的。

有些话，是不方便和父母、爷爷奶奶说的，也不好和朋友说，只有和自己的兄弟姐妹能说。兄弟姐妹之间，互相保有对方的秘密，那种分享秘密的感觉，有种说不上来的喜悦。

2. 有人分享秘密的感觉真好

我的女儿最近就告诉我，她和哥哥之间有许多共同的秘密，"当然不会给妈妈知道啰！"

"例如呢？"我问。

"比如你要检查我们的房间是不是整理干净时，因为你只给我们30分钟准备，而我们的房间很乱，根本不可能在那么短的时间内整理完成的呀，可是，我们也不想惹妈妈生气，所以啰！我们就把所有床上的东西都往床下扔，这样妈妈检查时，哥哥和我的房间都很整洁了。"女儿说得很得意，笑得很灿烂。

我没说出口的是，当妈妈的人，怎么可能笨到连这样都不知道呢？

但装笨，也是父母的优点之一，知道孩子们在干什么"勾当"，却不拆穿。生活不必太严肃，是不是？

有人可以分享自己的秘密，你说人生还有什么遗憾的呢？

3. 孤单的孩子很可怜

吆喝着弟弟妹妹一起在家里搭棚演戏，姐姐演白雪公主，弟弟演小矮人，或者兄弟姐妹一起演三只小猪的故事，其中一只小猪，就是他们的玩偶或家里的宠物。这样，就算外面的天气很糟糕，两个兄弟或姊妹也可以在家里创造一个温暖的天空，其乐融融。

记得小时候，小我两岁的妹妹常常和我一起在家里玩家家酒。有时候，还有隔壁邻居家的小朋友也到我家来和我们一起玩家家酒或捉迷藏，人多的时候，妹妹和我就会互相打暗号，帮助彼此来赢别人。说来那样的合作有点不光彩，但那就是小朋友的世界嘛。

妹妹和我也一起走路去上学，途中我们会采一些野果来吃，或者边走路边唱歌。半小时可以到达学校的路程，我们常常要走一个小时。而路上的快乐，会延续到上课时间。下午放学时，我们又一起走路回家。在路上，我们互相谈着学校的种种，交了什么样的朋友，某个老师怎么样……

你看，有兄弟姐妹，有时候需要充当兄弟姐妹的心理医师，若弟弟妹妹有什么伤心的事，就要给对方出主意。若他们受到别人的欺负，当哥哥或姐姐的人还要代替弟弟妹妹去和人家打架，警告对方不许再欺负人，否则就要怎样怎样——这就是小朋友的作为，当然那谈不上真的报仇，但解决小朋友的争端还是蛮有效的。

如果只有孤零零一个人，找谁玩去呢？好朋友可能不住在隔壁，而住在比较远的地方；而隔壁邻居的小朋友，也不一定可以和自己玩得来。何况，有弟弟妹妹一起玩，就算玩的时候吵架了，也很快就讲和了，毕竟是同血缘，有话好说。

孤单的孩子显得很可怜，没有人陪自己玩，没有人懂自己的语言，没有人懂自己的想法，没有人能同理自己的内心世界。

根据心理学上的研究，孤单和寂寞容易养成孤僻的行为，甚至是抑郁症的来源。而抑郁症是现代人中流行的心理方面的疾病，是很痛苦的，任谁都不愿意和抑郁症沾上边。但一个人在成长的过程中，太过孤单和寂寞，埋下忧郁症的种子的机会就大增。

4. 老大有机会学习领导和被领导

有个弟弟或妹妹，当哥哥或姐姐的感觉很不赖。他们不只是有了伴，还有了学习当领导人的机会。做一个领导人，固然有人是天生的，但更多时候是学习来的。而学习，总要有机会才行。有了弟弟妹妹，机会就在自己的家，随时随地可以学习。

我在美国读书十年，也曾在美国大学打工。住在美国时，我交往的美国朋友很多，对于美国社会文化了解得也比较多。我将在这本书里，提供美国人的做法给你参考。

美国有一个非营利性组织叫做"大哥哥大姐姐"（Big Brothers Big Sisters， http://www.bbbs.org/site/c.9iILI3NGKhK6F/b.5962351/k.42EB/We_are_here_to_start_something.htm），拥有着110年的历史，他们就是寻找那些热心的社会人士，志愿以大哥哥、大姐姐的身份去辅导和协助贫穷家庭或需要协助的孩子，在精神上去领导他们，引导他们走向人生的正路。能有机会当大哥哥、大姐姐，去发挥自己对弟弟妹妹的影响力，也是一种成就。家庭如此，而社会是一个大家庭，其道理是相似的。

再放眼世界来看，现在整个世界有如一个地球村，一个人对别人的影响力，不只是局限于自己的家人，还扩展到全世界去。而从小当哥哥姐姐的人，容易拥有领导能力，他们到外面去影响他人的机会也增加了，生命自然宽广更多，一如比尔·盖茨或马云。

5. 会领导，了不得

以美国来说，一个人有没有领导（Leadership）能力，常常是他在学校或机构甚至将来能否开创一番事业的评估关键，是找工作时能否被录取的重要条件。因此，在美国，一个人聪不聪明，成绩是不是第一名，考试是不是一百分，都不是最重要的，最重要的是有没有领导能力。

一个家庭需要分工合作，也需要有人领导。一个团体、一个社会或国家都是这样。未来的走向是哪里，绝对和领导人的视野、思想及价值观有绝对的关系。

领导，不是吆喝而已，需要有组织能力、学习能力、观察能力、带人的能力，还要懂得欣赏人，更要有视野和想法做前提。

而这样的能力，通常不是被教导来的，而是学习来的。有没有机会学习当领导，很关键。当哥哥或姐姐，就拥有自然的环境去领导弟弟妹妹，并从中学习到领导的能力。

世界级领导人例如微软公司的比尔·盖茨（Bill Gates），就有他的视野，他的使命，要让每个人家里都有一台计算机，就此带领一个团队去开发，并将计算机普及到全世界，让不富裕国家的人也有机会因计算机而改变命运。对这个世界的人来说，比尔·盖茨就是一个很重要的领导人。

再如现任阿里巴巴集团董事局主席，阿里巴巴集团、淘宝网、支付宝创始人马云，我第一次在美国听到他在斯坦福大学的英文演讲时，我立刻发觉马云就是一个非常能干的领导人。那时候，我其实都还不知道有阿里巴巴集团，但只听他的英文演讲，马上就能感受到这一点。

马云在演讲时充满自信，说话幽默，脸上的表情自然，无论对西方文化或中国文化，他都如数家珍，而且有他自己的见识做基础，可以将听众们对中国文化或在中国创业的疑惑当场一扫而空，又让听众们觉得舒服。马云的领导才能，是我非常欣赏的。

6. 还要学习被领导

除了学习领导他人，也要学习被领导。被领导的能力，不亚于领导他人的能力，而两者都必须学习。有些人擅长领导人，但拒绝被别人领导，这样的领导人，说穿了，只是领导人的一半而已。真正的领导人，同样是需要被领导的。

领导和被领导的角色互换，这也让人适时地调整自己的行为，让自己更自在地顺应不同角色。这就好比帮助别人非常重要，但需要被帮助时，也要能坦然接受，并心怀感恩。假如家里有两个孩子，他们就能随时感受领导和被领导的角色，对成长大有益处。

7. 分享，使世界变大

一个人可以很厉害，取得许多成就，可就算拥有了全世界，若没有人可以分享，那么与其说这个人是富翁，不如说他是非常贫穷的。

分享，是人生非常重要的环节。通过分享，我们与别人一起快乐。但分享，有时候也是痛苦的，过去属于我的一切，为什么现在要和另一个小小的人儿分享呢？

独生子女因为是家中唯一的一个孩子，因此，整个家的东西或玩具，全部属于他一个人，包括爸爸和妈妈。习惯了这些，他们自然不懂得分享的快乐。其实，这样 100% 的爱，也将是 100% 的损失。

为什么分享那么重要呢？分享有许多方面和层次，可以带来创造力、发明、革新、探索或探险。分享甚至可以让自己的想法、感觉和行动具体化，并且能够让自己的长处和其他人的长处相结合。而分享更是一种社交能力，帮助自己认识和自己不一样的人。

比如我，拥有非常丰富的全世界自助旅行的经验，也有很多当姐姐或当妹妹的经验，同时我还有养育两个孩子的经验，都是那么的可贵。如果我没有通过写书把这些美好的经验分享出来，让很多读者通过阅读掌握我的经验，不是太可惜了吗？

分享，其实是扩大世界的方法。分享，也让自己的生命更加美丽和快乐，因为看到别人因自己的分享而快乐和美丽。

小时候，我们分享玩具、食物、书；长大了，我们分享想法、个

人情感、人生经验或历练，甚至是对这个世界的企图心；老了，我们分享自己的阅历和智慧。

分享让自己更加讨人喜欢。一个懂得分享的人，走到哪儿都受到欢迎；相反地，不会分享的人，则会到处碰壁，甚至给人自私的感觉。

谁会喜欢和自私的人在一起呢？不太会吧？

若有了二宝，当哥哥或姐姐的人，就开始学习和弟弟或妹妹分享爸爸妈妈的爱，分享自己的玩具和书，甚至愿意把自己的衣服给弟弟妹妹穿。从小就学会分享，长大了也自然乐于分享给别人。

从分享中也学习到割舍，这个过程不太容易。但在得失之间才会明白，有失才有得。

分享，是一种学习，也是一种成长。没有分享的生命是枯萎的，是缺乏生命力的。而二宝，是给予大宝最佳的学习分享的机会。分享的结果，是得到更多。

在植物园，我看到一个有两个孩子的妈妈。她的女儿是老大，懂得分享，会开心地把自己的糖果和饼干给刚认识的小朋友，还会和小朋友拥抱分享感情；她的第二个孩子是个男孩，说什么也不肯把自己的糖果给别的小朋友，也不肯分享给姐姐或爸爸妈妈。

那位妈妈说，她看到不到三岁的儿子如此蛮横，就不断地教导孩子：分享时，会得到更多。她采用的方法是：儿子给别人糖果时，妈妈就会给他更多糖果。

"教孩子分享不容易。我常说儿子还是动物，尚未进化到人，所以，从强取豪夺到分享，还有一大段路要走。"她说。

没错，分享，的确让我们收获更大。

8. 两个孩子互相学习

老大和老二虽然年纪不同，但彼此却可以互相学习。哥哥姐姐的优点，让弟弟妹妹学习了，将来对弟弟妹妹的人生帮助可能是非常巨大的。同样的，哥哥姐姐也向弟弟妹妹学习了他们的长处，那可能是弟弟妹妹特有的专门能力或人格特质。

人是互相学习的动物。我们无时无刻不在学习别人，别人也在学习我们。而最好的学习，莫过于处在同一个屋檐下，因为那是分分秒秒相聚，是日常生活。可以说，家里有无处不在的学习机会。

那是一种无形的学习。兄弟姐妹最容易互相影响，因为榜样就在那儿。

如果家里只有一个孩子，那么孩子学习的对象，若是在小家庭里，就只有爸爸和妈妈而已。若是三代同堂的家庭，也许还可以向爷爷、奶奶，以及堂表兄妹学习。但由于住房紧张的关系，加上工作地点的转移，小家庭是社会必然的趋势。那么，独生子女在家里的学习对象，就被限制为爸爸妈妈两个大人。

小的时候，我的哥哥很会读书，而且他在家时就读书做功课。我看在眼里，有样学样，到我入小学时，也很自然地喜欢读书了。后来，我的妹妹入学了，她看到我那么爱读书，她也跟进了。最后，只有我的弟弟讨厌读书，他和我相差八岁，没能接受到言传身教。

另外，我的哥哥会带我到田边的小河流里去抓鱼。他在水里抓鱼时，我在岸上捧着装鱼的脸盆。看到哥哥将鱼赶入网里，我就学习到了哥哥抓鱼的方法。

而在我和妹妹被妈妈分配到田里去割田埂的草时，妹妹很努力地割草，而我不时地抬头看天空的云，看草里躲着什么小东西，结果，妹妹割完草了，我却还有一大半的任务等着我去完成。从妹妹那儿，我学到了做事情要专注的习惯。

这些学习，都不需要爸爸妈妈言语教导，因为兄弟姐妹互动时，自然而然就因观察而互相学习了。兄弟姐妹之间的互相学习成效是巨大的，比向父母学习甚至更为有效。

这是生命的学习，也是日常生活技巧的学习。更重要的是，学习去爱人。学习爱哥哥姐姐或爱弟弟妹妹。尤其是，兄弟姐妹不是自己挑选来的，因为没得挑，因此，必须要学习去爱他们，即使那个人可能是自己不那么喜欢的。这样学习去爱，不容易，但人生中，我们遇到自己不喜欢的人或不喜欢我们的人是常有的事。

从这儿还延伸学习到容忍，容忍与自己不一样的人，这也是人生中一种非常了不起的能力。

给大宝一个机会向二宝学习，也让二宝可以有大宝呵护，向大宝学习，这是父母能提供的一个天然的学习环境，养分很高呢！

9. 有机会当老师

虽然哥哥或姐姐可能只长弟弟或妹妹不多几岁，但小朋友之间，就算差一岁，也会很明显地不一样。这样一来，当老大的，就有机会当老二的老师，教导弟弟妹妹一些人生的课程，包括穿袜子、系鞋带、做功课、收拾玩具……

当哥哥或姐姐的人教导别人多了，自己也会掌握得更熟练。有道是：教人家的人，自己学到的知识是两倍的。当我们在教别人时，自己学到的更多，更丰富。因为教学相长的关系，领悟力自然也强。

而在教导弟弟妹妹时，创意自然就产生了。想要教得好，就得改变教法。同时，在教导中，还学习了耐心。耐心，对一个人将来在社会上做事或做人都会有很大的帮助。

也许过了五十年，弟弟或妹妹突然对哥哥姐姐说："我还记得小时候你教我……那对我影响很大，我到现在都还记得清清楚楚。谢谢你，哥哥（姐姐）。"

若是那样的画面出现，那感觉多么动人，多么温馨啊。而当年老大在教导弟弟妹妹时，其实也没想那么多，只是因为自己年长一点，自然而然当起小老师来了。

10. 学习团队精神

既然是兄弟姐妹，那就不只是有伴而已，更多的时候是一个团队。团队需要合作，需要讨论，需要协商，甚至需要妥协。这是学习团队精神的最佳时刻。

从小，我们就学习和另一个人，或更多的人合作。比如工作分配，有人擅长计划，有人擅长执行，还有的人是智多星，点子特别多，不论出的是鬼主意，还是可行的方案，总能表现出创意。

如何和别人合作？如何从冲突中找到一条路？有哪些事情需要执着，哪些又得退让？

若是只有一个孩子，对什么是"团队"，可能还要质疑一下。他们从小没有团队合作的经验，当然很难有团队精神，就会形成"我说了算"的习惯。等到以后长大了，不论是在学校学习还是毕业后工作，一旦要分组，需要分担工作，需要一起讨论时，就会不知所措。

在美国的学校，从小学到大学，有些功课是团队一起来完成的。而在团队之中要学习贡献，对团队的贡献，也享受其他团员的贡献。这是美国学校教育精神中不可或缺的学习过程。

有些生命技能，最好能从小学起，等到出了社会，就懂得如何掌握窍门。而团队合作，应该被放在非常重要的地位。

11. 学习照顾自己也照顾别人

有了弟弟或妹妹，就更会照顾自己。在照顾自己时，也同时照顾比自己年幼的兄弟姐妹。例如当哥哥或姐姐的人在爸爸妈妈忙不过来时，帮爸爸妈妈跑腿拿弟弟妹妹的尿裤，或者在厨房帮忙准备食物给弟弟妹妹吃，有时候甚至还帮忙擦干被弟弟妹妹弄湿的地板。

这个照顾他人的部分，会让老大能更好地照顾自己。在照顾他人时，老大会成熟得更快，也更贴心，更具责任感。

照顾还包括有时候给予弟弟妹妹指引，如给出一些忠告。在给予忠告时，也学习到该给什么样的忠告是好的、有用的，而哪些忠告可能起到的是反面效果。当然老大也从中学习到，给弟弟妹妹忠告时如何拿捏尺寸，如何不着痕迹地通过忠告而影响弟弟妹妹。

给忠告，还不能超越界线，并且需要让弟弟或妹妹做他们自己，毕竟感情再怎么好的兄弟姐妹，都是不同的人，将来都要走自己的人生路。因此，这更是考验哥哥或姐姐的包容度的时候，不是"听我的就对了"那么简单。

给忠告，其实就是学习如何和别人说话。而说话能力，就是表达能力。一个人表达能力强，能够把事情说得清清楚楚、简洁利落并且具备逻辑性，这样，将来还有什么事情难得倒他（她）？

在照顾弟弟妹妹的同时，还可能因他们太小而搞砸事情，哥哥姐姐就得学会善后，学会如何驾驭挫折感以及随之而来的压力。

能够控制自己的情绪，还拥有解决压力的能力，这是再多的金钱都买不到的人生智慧。而有了兄弟姐妹，就一定会去面对这些问题。

借着照顾自己和弟弟妹妹，大宝也顺理成章地学到工作的道德，例如要勤奋工作，要负责任。拥有了努力工作和负责任的精神，你说，这样的人将来进入职场，是不是很受欢迎，升迁也快速？

12. 学习鼓励

当弟弟妹妹遇到挫折时，哥哥姐姐的人生经验比弟弟妹妹多，看待挫折会有一些不同的想法，因此，能够给予肩膀让他们靠一靠，还会鼓励他们继续往前进。这种同胞的依靠和父母给的依靠是不同的。

如果弟弟妹妹做事情做得不错，哥哥姐姐大大方方地说："你太棒了！我很以你为荣呢！"或者弟弟妹妹得到什么荣耀时，如参加比赛赢了，轻轻地拥抱对方，说，"你看，我就知道你办得到！"

同样的，弟弟妹妹也能学着鼓励哥哥姐姐。

鼓励别人容易吗？很多大人都不一定会鼓励别人呢！有些大人可能还不解风情地说："那有什么了不起？人家 *** 还是国家级的呢，你那算是什么小儿科的胜利！"

哥哥姐姐的年龄比弟弟妹妹大些，看事情的角度就不一样，尤其他们能同理弟弟妹妹的心情，有时候父母还不一定能做得到呢！

13. 父母大成长

以上所讲的有二宝的好处，似乎都是针对大宝和二宝来的，但其实，有个二宝也让父母受益。因为有了二宝，父母也增加了知识，并且让自己在教养子女上更加冷静，还从中学到了如何与大孩子相处更融洽，更有幸福的感觉。

过去年代里，经常出现婆媳关系紧张，当婆婆的人对长媳严厉有加，因为好不容易熬成婆婆了，就用力过度，要在儿媳身上全力行使权威，结果导致婆媳关系水火不容。

等到有了第二个媳妇，婆婆的态度往往因为次媳的反击，就会稍微收敛些。从某方面来说，婆婆学乖了，也放松一些了。再后来，有

了第三个媳妇，那不得了，这第三个媳妇看到大嫂二嫂的艰困处境，可能就干脆不理会婆婆的要求，而我行我素。

结果呢？婆婆的态度反而更软，而不是更嚣张了。婆婆从不同的媳妇那儿学习了进退应对，以及如何拿捏当婆婆应有的态度。有时候，身为婆婆的人反省自己，回头看看自己以前对待大媳妇的态度，才发现自己真的是过分。

同样的，有了第二个孩子后，父母在某些方面会因为有不一样的孩子而学习到更宽广的教养观，不再要求完美，因此放松了态度，反而和大宝的关系更好，当然家庭也更幸福了。何况，多一个人的拥抱，那样美好的感觉，岂是几句话能描述？

14. 当"421"变成"422"

在只有一个孩子的家庭里，父母、爷爷奶奶及外公外婆围绕在一个"小祖宗"身边，有时候为了得到唯一一个孩子的爱，六个大人甚至有乞求亲情的情况出现，上下两代甚至三代之间的关系就这样变得失衡了。

这种失衡的关系让大人委屈，也让"小祖宗"可以为所欲为，时日一久，自然形成了扭曲的关系。

在有了二宝后，大宝有了伴，但同时也有了竞争，在待人处事时会有所改变，对待父母、爷爷奶奶及外公外婆时，会调整其态度。总的来说，因为有了二宝，大家的关系应该会逐渐趋向正常。

话再说回来，六个大人只有一个孩子"扛着"时，那种压力是非常大的。而有了另一个孩子的加入，有人一起分担压力，大宝的压力自然小多了。

若不考虑到爷爷奶奶和外公外婆，至少当父母年老时，若需要坐轮椅，两个孩子一个负责推爸爸的轮椅，一个推妈妈的轮椅，看起来总比一个人推着两张轮椅要轻松些吧。

当然，这纯是开玩笑，生命不尽然到老时一定非坐轮椅不可。但若万一有一天那样的情况出现，这样的画面，是可以想象的。

15. 喜欢孩子

在所有生孩子的理由中，喜欢孩子是最被我推崇的。我自己是一个非常喜欢孩子的人。一个喜欢孩子的人，可以不需要任何理由来说服自己去生一个孩子。换句话说，喜欢孩子凌驾于一切原因之上。

喜欢孩子有那么重要吗？当然啰！喜欢孩子时，会很喜悦地与孩子相处，会尽情地享受孩子的相伴，还会因喜欢孩子而探索如何让孩子和自己的生命都达到更好的状态。

我们都知道，兴趣是人最好的老师。兴趣会引导我们一直不断地钻研，而兴趣是因为喜欢的关系。

例如，对于写书，我就有非常大的兴趣。而我写书的过程，不是痛苦，也不是绞尽脑汁，而是乐在其中，享受其中。我对于写书的兴趣，就是来自于喜欢阅读，喜欢写作。

喜欢孩子的纯真，喜欢孩子脸上的笑容，喜欢孩子的创意，喜欢孩子的调皮，喜欢孩子无限的精力……如果你和你的伴侣都非常喜欢孩子，那么尽管生二宝吧，其他的问题都会迎刃而解。

16. 添个好帮手

对于正在抚育小孩的人来说，自从有了这个小宝宝，就开始天下大乱了。别说忙到没时间扒口饭，就连上洗手间，有时候都得趁着孩子睡熟时。至于想要一段自己的休闲时光——那可真是奢侈。

此时若有个好帮手愿意协助照顾孩子，真是天大的幸运了。

好帮手，在我们的意识中，大多是指宝宝的爷爷奶奶或外公外婆等人。若他们住得近，甚至同住一个屋檐下，当然是最好的，长辈们通常也享受这个含饴弄孙的过程。更何况，中国的长辈们在照顾儿孙时，通常慷慨得过分，不光免费提供人手，还提供物力的帮助。

不过，不是所有当爷爷奶奶、外公外婆的人都能够给予小孩适当的照顾，可能需要孩子的父母给予他们一定的训练，或列出照顾须知，并常彼此沟通，让他们知道你们夫妻对于照顾孩子的想法和需求。

你们是孩子的父母，在照顾和教养上，当然以你们的需求为主。

除了爷爷奶奶、外公外婆，若能找到很有责任心的保姆，也是求之不得的事情。好的保姆要能教给孩子良好的生活礼仪和习惯，培养孩子各种生活技巧，并能为孩子读书、讲故事。大宝就是那个最好用、最合适的"小小保姆"，你不觉得吗？

于是，我在为女儿洗澡时，就让哥哥为妹妹洗洗刷刷。有时候儿子也帮忙拿妹妹的衣服，甚至帮妹妹擦干身体和穿衣服。

在整个过程中，儿子会提出很多问题，例如为什么妹妹不会坐着洗澡？为什么妹妹自己不会洗澡要人家帮忙？

哥哥是小帮手，在帮妈妈照顾妹妹时，他的好奇心不断增加，而这也是他学习力爆发最强的时刻，只要父母善于引导，孩子的学习力大大地提高了，责任心也同时增强了，可说是一举多得啊！

以上，是生第二个孩子的理由。

为什么不想要二宝

既然有这么多生二宝的好处，有没有不生二宝的理由呢？现在，让我们客观地来看一看，不生二宝的理由有哪些。

1. 养不起更多的孩子

不是说，孩子都会自己带食物来到这个世界上吗？怎么可能会养不起呢？不是说，多一个人只是多双筷子而已吗？怎么会养不起？

这些是农业社会的说法，已经不符合进步中的社会的需求了。

身为现代人，开门七件事的柴米油盐酱醋茶，事实上只占了家庭开支的一小部分。更大的问题是，奶粉很昂贵，而且随时都可能涨价；尿布、尿裤都省不得，同样是一大笔支出。这可如何是好呢？

怀孕了，上医院做产前检查，从挂号费一路下来，是一笔不小的费用。再加上生产时医院的各种费用，那是相当可观。和西方人比起来，中国人特别重视产妇坐月子，再加上请个月嫂的花销，夫妻两个人的工资估计都贡献出去也不一定够。

若是有爷爷奶奶或外公外婆帮忙照顾宝宝还好些，请月嫂只是短时间的事儿，如果没有这个助力，就得长时间请月嫂或者保姆来照顾孩子，这笔费用简直令人肉疼。

接下来，是幼儿园、小学、初中、高中、大学等，再加上各种课外兴趣班、补习班，学习各种才艺，补习各种功课，想到这些费用……

万一送孩子到国外求学，国外的学费比国内更要高几倍。

……

这些都还不算孩子生病就医的费用哩！

因此，盘算一下家庭收入，再算算这些千奇百怪却省不得的开支，不由得胆量也变小了，怎么敢生？生不起啊！

我相信，有许多年轻父母也想要生二宝，但屈指算一算，就打退堂鼓了——真是吓死人呐！消费节节上涨，收入却没能并驾齐驱，更别说还有失业的可能。

经济压力对于现代人而言，是想避都避不了的。

钱，被列为第一个不能生二宝的理由绝不为过。如果你因为钱的原因不想生第二个孩子，我完全理解。

2. 照顾老二太疲倦

根据在美国所做的调查的结果，生第二个孩子后所需的照顾工作，是生一个孩子的两倍以上。这太奇怪了，一个孩子就是一个孩子，为什么生两个孩子会比生一个孩子要麻烦和辛苦很多？

照顾两个孩子不是单纯的 1+1=2。

没错，就数学来说，1 + 1 = 2，这是每个人都知道的道理。但是，你也许听过，三高（高血压、高血脂、高血糖）中，一高只是一高，一旦增加了一高，后果绝对不只是两高的叠加，那风险是超越两高的。

换句话说，如果只是出现一高如高血压，降下来就行了，方法很多，也相对简单，甚至若必要，单靠药物也能控制，生命当无大碍。

但一旦加入高血脂或高血糖，那问题就复杂多了。不同的问题交叉影响，让情况变得更难处理。

生孩子也是这样。如果只有一个孩子，父母针对一个孩子进行教养即可，陪伴一个孩子虽然没那么简单，但实际上算不得复杂。但若生了第二个孩子，那是很挑战父母的耐心和智慧及体力的。

不相信吗？两个孩子会争吵，父母怎么摆平？两个孩子会将环境轻而易举地破坏，把玩具丢得到处都是——比如我的儿子，如果在自己的家，会拿螺丝刀把椅子的螺丝拆掉；到外公外婆家，连缝纫机都要拆开，而且还是一个人不声不响地拆。后来我的爸爸妈妈就向我抗议，说怎么你的儿子破坏力那么强？"下次你们来，要先缴保证金！"外公外婆如此开玩笑，可见得孩子的好奇心让他们抓狂了。

有时候，安抚好了一个宝宝，你刚刚想轻松一下，没想到另一个宝宝因为不爽妈妈将注意力放在兄弟姐妹上，就会蓄意搞个小小的破坏。这下子，紧绷的情绪更加紧绷了，你说怎么处理？

就以出门这件事来说，大包小包不说，还得考虑每个孩子喜欢的食物不一样，就得分别做准备。

照顾孩子的事情，是不能用数学理论衡量的，唯有曾经在照顾两个孩子时抓狂的父母才能体会个中滋味。学校有再多的理论，也派不上真实的用场。博士父母抓狂时，和只有小学程度的父母不相上下。

怕忙，怕事，怕没体力，就不敢生第二个孩子。

孩子就是有那样的本事，从呱呱坠地开始，虽然还不会走路，也不会说话，就能够把大人搞得要精神分裂。到了会走路、会说话，新的挑战又来了，而且比先前的更要难上加难。这时候的父母要随时睁大眼睛注意着孩子的动静，稍一疏忽，后果可能就不堪设想。

因此，没有足够的心理准备，谁敢做出生二宝的决定？

3. 年纪太大

今天我在散步时遇到一对四十来岁的夫妻，带着他们唯一的孩子在附近玩耍。那孩子到处捡石头乱扔，爸爸得四处出击随时阻拦，还得教训尚不会说话的孩子："不可以把石头丢入水沟。"

我问这一对夫妻，有打算再生第二个孩子吗？

那位太太说："不行，年纪太大了，没体力陪第二个孩子。"

现代人普遍晚婚，踏入婚姻时可能已经三十岁甚至更多。在生第一个孩子时，有的都超过四十岁了。她们不是生不出孩子，而是年纪大，怕生孩子自己应付不来。没能量，没体力，可以是非常正当的理由。

还有的人考虑，年纪愈大，生孩子的风险增加，例如婴儿罹患唐氏症的概率可能较高。还有的人面临生不出来的问题，也就是受到生理的限制，失去生育的时机了。

在美国，高龄产妇不少。有的人生第二胎时，已经四十七八岁了。那已经是女人生育的最后时机，偏偏就有女人要抓住那最后的一刻，向老天要一个天使作为礼物。

对我来说，生孩子，有时候是要看机缘的，不能生，或者超越最佳期限，那就不勉强。但谁又能说得准呢？说不定在高龄的情况下，还生出一个天才或世界伟人也不一定哦。

4. 有家族遗传疾病

若父母一方有遗传性疾病，而老大也遗传了这个疾病，在这种情况之下，考虑不生第二个孩子是情有可原的。

你听过一种疾病，俗称叫做泡泡龙的吗？学名是遗传性表皮分解性水疱症（Hereditary Epidermolysis Bullosa），发生在脚底和手心，症状是极易起水泡。那是一种很罕见的遗传疾病，一代传给一代。这种遗传疾病没有传染性，但遗传的几率很高。

贝蒂就患有这种疾病。她是美国人，是我的朋友。贝蒂的泡泡龙遗传自她的爸爸，她的爸爸则遗传自她的爷爷，而她的父系的一些亲戚患泡泡龙的也不少。有的家庭只有两个孩子，两个孩子都遗传到了泡泡龙；还有一个家庭有三个孩子，其中两个遗传到了泡泡龙。

泡泡龙有三种类型，贝蒂属于 Simplex Version（单纯性水疱性表皮松解症，局限于手脚型），若受伤，她全身的皮肤不会结痂。

因为患了这种遗传性疾病，所以贝蒂和丹尼斯结婚时就决定不生孩子，因为她不要把泡泡龙遗传给下一代。贝蒂做了一个睿智的决定。

5. 老大已经很难带

生第一个孩子时，几乎所有的新手父母都抱着非常高的期待，不只希望生个聪明健康快乐的宝宝，更希望生个天才，以后"打遍天下无敌手"就更好了。

但偏偏天不从人愿，孩子生下来后，有的居然体弱多病，或者怪癖一大堆，甚至有的先天残疾，把初为人父母，没有经验的一对新手搞惨了，只能无语问苍天。

只要稍微有点数学基础的人就了解，什么事情都是几率问题，只不过这种特别悲惨的事儿，刚好被这对夫妻给遇上了，如此而已。

万一老大是在这种恶劣情况下出生成长的孩子，那么这对夫妻肯定会害怕再生第二个孩子，他们会担心：是否自己生异常的孩子的几率比别人要高呢？

若有这种情况，其实可以和医生探讨一下，至少可以求个心安。

也有些孩子小的时候难照顾，问题很多，但随着年纪增长，问题会越来越少，照顾起来就会越来越轻松了，很有倒吃甘蔗的感觉。

"一朝被蛇咬，十年怕井绳"，这是正常的心理现象，可以理解。

6. 不喜欢孩子

不喜欢孩子，其实应该被列入第一个不生二宝的理由。不喜欢，有时候说不上来理由，就是不喜欢而已。而不喜欢，就是拒绝。拒绝，就是在自己和孩子之间筑了一道墙，没有通路可达。

因此，如果不喜欢孩子，千万不要因为你的伴侣坚持要生孩子，而你为了取悦伴侣，就勉为其难地决定再生一个孩子。这样不但对你不好，对孩子也不好，对生命来说，是非常不公平的。

对我本人来说，孩子是老天爷赏赐的礼物。若有人不喜欢老天爷给的礼物，却又不能退回去，你说，那不是太强人所难了吗？

不喜欢孩子的人很少，但若你是属于那样的人，也千万不要感到自己太糟糕。毕竟，每个人都是不一样的，有人喜欢孩子，当然就有人会不喜欢孩子。而且，通常不喜欢孩子的人，还特别喜爱安静，不喜欢有吵闹声。

而孩子，绝对不是安静的，他们是吵闹的代名词。他们无时无刻不热热闹闹的，除非他们睡着了，那一刻，才真的是安静。

容我再说一次，不喜欢孩子，不是罪过。因此，若你不喜欢孩子，可以放过自己。

7. 工作太忙

工作太忙，是生第二个孩子的一大障碍，尤其是那些工作压力很大的人，动不动就要加班，回到家只是为了睡觉而已。

像这样的人，现代社会里比比皆是。他们的一辈子，全部被工作压榨光了。生孩子对他们来说，是一件很奢侈的事儿。要再多养育一个孩子，更加困难重重。

现代社会里，单纯靠薪水要养活一家子，不是太容易，除非夫妻双方都收入不菲。如果夫妻两人都狂爱工作，不想要孩子，组建一个丁克家庭（Double Income No Kids，简写为Dink），也未尝不可。

丁克家庭之风于1950年时起源于欧美，1980年左右传入亚洲。这样的家庭里夫妻两人拥有两份收入，却坚持不生孩子。

有些丁克族本来是拒绝生育的，但到了三十多岁时却开始改变信仰，决定还是生一个自己的孩子；有的则养宠物代替子女。丁克族通常认为世界太乱，养孩子不易，而自己辛苦工作，希望事业有成……

有的人认为父母生我们，我们就得生孩子，这样一代一代下去，才是正途。反之，若不想生孩子，就被认为是自私，是小气。虽然我热爱孩子，但我对此论调不以为然。我想，每个人对于要不要生孩子，尤其是生第二个孩子，都有选择的权利。既然是选择，当然可以说"Yes，I want to"，或者是"No，I don't want to"。不需要有任何的内疚感存在。

在现代社会，工作越来越多元化，许多工作都太有趣了，非常吸引人。因此，专心投入工作，希望在工作里有所成就的人不少。有些人甚至把工作视为生命，将一天的时间大多奉献给工作，自然就没有多余的心力用在其他方面，包括家庭。

随着地球越来越像一个村落，还有的人工作调动频繁，可以从亚

洲调到欧洲，再调到美洲，甚至非洲或大洋洲，飞机成为他们的主要交通工具，来去世界自如。拥有这样的工作，也很难再生第二个孩子。

不过也有例外，我的一位朋友住在美国首府华盛顿，他的太太是美国人，他们拥有两个孩子。这位朋友现在的工作时间有半年在中国，半年在美国。当他得到现在这份工作时，就立刻把家搬到父母家附近。

"我必须飞来飞去，当我在中国时，我的太太和孩子如果需要帮助，可以打电话请求我的父母帮忙，可以把孩子送去爷爷奶奶家，或者请爷爷奶奶接孩子放学。"这位朋友的太太也是全职上班族，而他们的孩子都还在上幼儿园而已。

人生是一场旅行，在这场旅程中，如果没有生孩子，不得不说是一个遗憾，因为没有经历过生养孩子的过程，总会觉得少了点什么。何况，根据研究，养育孩子的人心理比较健康。

如果经过理智地思考之后做出不再生二宝的决定，任何理由都应该被接受，而不需要抗拒。因为，每个人的情况不同，每个家庭也都不尽一样，思考和需求自然不相像，捍卫自己决定的自由和权利，不为外力所干扰，因为唯有你们夫妻自己最能了解自己的需求。

即使你和你的伴侣已经做了最后的决定，不要生孩子了，你还是有选择，选择把这本书扔掉，或者继续阅读，既享受阅读的乐趣，也许还可以帮帮朋友们的忙，或者增广见闻。

如果你们已经决定了——好，继续前进，为家里增加一个人，我们决定要当两个孩子的父母！

那么，恭喜了，你们的选择和我当初的选择是一致的。我选择了要二宝，要接受挑战，也要好好地享受二宝带来的乐趣。

直到今天，我从来没有后悔过当初所做的决定。现在，就来看看我当初"为什么要生老二"的心情吧。

为什么要生老二？

——丘引

我是老二。我坚持认为，每个家庭都该有第二个孩子。我是专门创造乐趣的人，没有我，这个世界就少了很多活泼有趣的事情发生。何况，没有我，你怎么有机会读到这本书呢？你怎么知道拥有老二，是人生多么重要的里程碑呢？

难道，你没听过"老二哲学"吗？

老二，不是为了干掉老大而来。老二，只是排在一个人的后面，先来后到的结果而已。你应该知道，排队，是很重要的公民素养，不论你到哪儿，都要排队，不能争先抢后，当然更不能插队啰！所以，老二就礼让老大先出来。你看，老二是多么谦虚，多么有修养，连出生这件大事都让老大先来。单就这一点，我想，大家应该给老二鼓鼓掌，赞美一下老二的"恢宏气度"。

话再说回来，老二不一定比老大优秀，但也不一定比老大笨。换句话说，老二是唯一的，独一无二的，独特的。老二，不是任何人可以取代的；老二，当然也不是为了取代任何人来的。老二，当然有可能是非常杰出、优秀的人，也可能是很脆弱爱哭的人。但老二通常都比老大的人缘更好，更外向，社交能力更强，因为父母在有教养老大的经验之后，对于教养老二在态度上就放松了，也更有自信了。不再是"照书养"，或者就变成了"照猪养（玩笑话，意为'放养'）"，不再要求那么完美无瑕，就可能塑造出更勇敢、更具有冒险的精神的老二来。

让我们来看看那些排行老二的世界名人：美国最有钱的人，微软计算机王国的国王比尔·盖茨（Bill Gates），先不说他赚了多少钱，至少，他让每一个家庭都拥有计算机的梦想成真了，多

么伟大啊！美国总统肯尼迪（JFK）英俊潇洒，是美国历史上最年轻的总统，他让美国人去到太空的梦想也成真了。在歌坛占一席之地的麦当娜（Madonna），一出手总是能吸引来大家的目光，后来还成为作家。美国创作型歌手、演员辛迪·劳帕（Cyndi Lauper），是首位单张专辑获得四张"五大单曲"的女歌手，她的专辑，到 2008 年时全球销量就超过 2500 万张了。风度翩翩迷死人的黛安娜王妃（Princess Diana），走到哪儿都热力四射，在慈善事业上的成就令人折服，还是媒体的最爱。超级女模辛迪·克劳馥（Cindy Crawford），福布斯杂志将她列为收入最高的世界级模特儿。流行天后布兰妮·斯皮尔斯（Brittney Spears），二十岁时出道，很快就星光闪闪，成为年轻人崇拜的偶像。

这些人在兄弟姐妹中都是排行第二。如果他们的父母不生老二，那么这个世界就将缺少这些缤纷的色彩。

不生老二，会少很多人生的乐趣，例如我，就是我家最特殊的孩子。由于有了我，家人受到我的影响，也跟着环游世界去了，因为我自助旅行走了五十几个国家，而我说旅行故事给家人听时，他们的心，就跟着我飞了。他们的世界，因我而变大了。

不生老二，是人生莫大的损失。而且，过了那个时间段，想要都要不到，后悔也来不及了。因此，当然就要趁热打铁，火速加油啰！何况，生老二的好处很多，待会儿我会细细地说给你听。

我的儿子三岁时，常常对我说，"妈妈，别人家都有哥哥姐姐或是弟弟妹妹，我也要一个哥哥或姐姐。"

"什么？你是家中唯一的孩子，是第一个孩子，妈妈哪有本事给你生个哥哥或姐姐呢！"即便我这样说了，我那稚气天真的儿子还是天天吵着，要妈妈给他生一个哥哥或姐姐。他可能以为，哥哥或姐姐，就是玩具。

"我就是要一个哥哥或姐姐嘛！"他的脾气非常倔强，绝不和妈妈妥协。后来，儿子甚至要挟我，说如果妈妈不给他生个哥哥或姐姐，"我就不要和妈妈好了。"

说穿了，儿子就是孤单，要一个玩伴。而这个玩伴，是自己家里就有的，不需要到外面找，也不需要敲门问邻居家要。

儿子想要的，就是有人陪着他玩，有人和他一起长大，有人和他一起读书，有人和他聊天，有人听他的心里话，有人分享秘密。儿子要的这些，虽然父母也可以给一些，但毕竟年纪不同，角度不同，看法不同，想的不同，玩的也不一样。

还有，儿子没有说出来的是，将来长大了，人生中有喜有乐，有一个兄弟姐妹可以和自己分享，这是多么的欢乐啊！若人生中有挫折，也有兄弟姐妹安慰，给个意见，让他靠一靠肩膀，鼓励他一下，这样他又有勇气继续奋斗下去。

虽然好朋友也可以做到这些，但兄弟姐妹毕竟是兄弟姐妹，来自相同的基因，有相同的家庭文化，血浓于水，碰到困难时互相挺一下，帮助一下，难关就跨过了。

再说，父母总有一天会老，会离开这个世界。那时，若有兄弟姐妹，至少不会感觉这个世界上是自己孤零零一个人，还有人和自己一起回忆爸爸妈妈，回忆童年。万一在婚姻里跌跤摔伤，家里待不下去了，还可以到兄弟姐妹家走走，让心情平静一下，过后又是好汉一条。

不仅仅是儿子天真的威胁，我自己其实也一直想要二宝，只是，我生第一个孩子时肚子实在太痛，又拖延了十几个小时，最后还打了催产针，才勉强将儿子生出来。那样的生产经验吓坏了怕痛的我，因此迟迟不敢要第二个孩子。

儿子的渴望，叫我这个当妈妈的人鼓起勇气，朝着要个二宝的方向前进。

因此，我们开了家庭会议，结果是两票对一票。反对票是孩子的爸爸，他认为再要一个孩子只会增加家庭的开销，没有必要。为什么要再一次经历半夜起床泡牛奶、换尿布，而不能一夜好眠的日子？每天下班回家都不得清闲，还得绕着孩子团团转。出门时大包小包，很不方便啊。

我们因此把生老二的好处与坏处，很冷静地写下来，互相探讨。还讨论了我的年纪，我的健康状况，我们的经济状况，我的工作，我们家的房间是否足够给老二空间，以及何时生老二最恰当。

虽然孩子的爸爸最后还是有些微词，但这是根据民主原则投票表决的结果，他也只好遵从。其实儿子当时只有 3 岁，还不具备投票选民意代表的资格，但他身为家庭的一分子，所投的票跟我们具有相同的效力。

一个孩子不嫌少，两个孩子恰恰好。

因此，我们以 2/3 的票数通过，在少数服从多数的情况下，决定要个二宝了。

祖辈也要做好思想准备

当上爷爷奶奶或外公外婆，是多么令人兴奋的事情！中国人传统观念要"含饴弄孙"，认为这是灿烂晚霞般不可或缺的人生过程。

那么在真实生活里，是不是真的是这样呢？

在中国文化里，请爷爷奶奶或外公外婆帮忙照顾孙（外孙）子女，似乎是五千年的传统，很难被改变。有些年轻人怀孕时，在没有征求长辈同意的情况下，就主动将长辈算在免费保姆的名单上。他们那样做，认为"理所当然"，因为"大家都是这样做的"。

1. 别答应太快

孙（外孙）子女需要爷爷奶奶和外公外婆的疼爱，同样的，爷爷奶奶和外公外婆也需要孙（外孙）子女承欢膝下。孙（外孙）子女可以学习到老人的人生历练和智慧，老人也很高兴有机会将自己宝贵的人生经验和智慧传给孙（外孙）子女，这是一种令人喜悦的人类文明的传承。

但是，照顾孙（外孙）子女是需要很多体力、精力、时间、金钱和知识的，绝对不只是照顾和带大孩子而已。

因此，爷爷奶奶和外公外婆需要慎重思考，自己的体力足够应付小宝宝吗？自己本来悠闲的退休生活，可能因为要照顾孙（外孙）子女而变得忙忙碌碌，时间全部被填满，可能连要和老同学老朋友聚会一下也不可得，能接受吗？

2. 给个漂亮的说法

有许多问题需要当爷爷奶奶或外公外婆的人一再思考，不能一时冲动就一口答应，或主动揽下这么重大的责任，如果因此把自己的健康搞坏了，相信也不是孩子所愿意看到的情形。

如果爷爷奶奶或外公外婆不好意思明确拒绝，而勉强答应了照顾孙（外孙）子女，结果只能是自己不快乐，孙（外孙）子女也不快乐。这样做，对谁都没有好处，何苦来哉？

因此，你可以这样说："我们很乐意帮你们的忙，隔一段时间去你们家里照顾孩子一周，或者你们把孩子送到我们这儿住一周，这样我们祖孙之间会有很愉快的相处时间。再或者，我们可以偶尔接送孩子。但如果长期照顾孙（外孙）子女，我这把老骨头恐怕做不到，我的腰不太好，还有高血压等几种慢性病也不时地困扰我。"

中国人碍于面子，常常不好意思表明自己的本意，结果彼此陷入僵局，还常因此而误会了对方真正的意思。

如果爷爷奶奶或外公外婆乐于帮忙照顾孙（外孙）子女，年轻人当然就放下了心中的一块大石头。若是如此，爷爷奶奶或外公外婆还是需要配合父母对教养孩子的要求，以父母为主，而非爷爷奶奶或外公外婆为主。因为，孩子是父母的，爷爷奶奶或外公外婆是站在协助父母的角色，不能越俎代庖。

我这样说，也许当爷爷奶奶或外公外婆的人会不以为然，认为自己爱护孙（外孙）子女，自然以孙（外孙）子女最佳利益为考虑。没错，我也相信爷爷奶奶或外公外婆绝对是爱孙（外孙）子女的，但不论如何，孙（外孙）子女最后还是要回到他们的父母身边，最后的教养工作还是要落在父母身上。

3. 了解立场好做事，要开诚布公

我有一对朋友是夫妻，家里是三代同堂，他们夫妻都在学校任教。男方的父母虽然不识字，却是非常明理的人。她告诉我，在照顾和教养孙子们时奶奶会对孩子说："你们一定要听爸爸妈妈的话。如果爸爸妈妈要求的和奶奶不同，那么你们首先得遵守爸爸妈妈的规定，以爸爸妈妈的意见为主。"

她说："孩子属于父母，不属于祖母，我很清楚这一点。将来有一天我会更老，我会走，而孙子们若没教好，他们的父母会很头大。"

我还有一个六十岁的朋友，她的女儿生第一个孩子时，就要求妈妈退休下来帮她照顾孩子。我这个朋友觉得不好拒绝，就带大了第一个外孙子。后来，女儿又怀孕要生老二了，她再次跟妈妈说，得帮她带老二。

其实，我的朋友当时身体状况不佳，双手不能正常举起，但却不好意思拒绝女儿的信任，还是勉强答应了。后来，她的身体更差了，起初只以为是感冒，虽然也去看医生吃药，却并没有做身体检查。最后实在撑不下去了，到医院一做检查，结果竟然是肺癌末期。

她得住院化疗，就不能再继续照顾外孙子女。而她的女儿一时无法找到合适的保姆，必须请假在家照顾孩子，为此还很不高兴。

可是谁又愿意生病呢？僵局，总是让彼此不舒服。

既然下场如此，何不试试有话直说，把问题简单化，对大家都好。

另外，很重要的是，长辈和年轻夫妻要开诚布公，一起讨论，探

讨两代人怎样教养才会一致，而不至于彼此脱节。简单认为长辈的意
见就是对的，这样的时代已经过去了。长辈有着丰富的人生经验，固
然非常可贵，但在这样一个快速变化的时代里，显然年轻夫妻比老年
人更能适应时代的变化，他们更应该负起自己的责任才是。

教你一个做决定的办法

在做出要不要生二宝的决定之前，有一些很实际的问题，需要摊开来检视一下。这些问题包括：

＊开放"二孩"政策，称得上是历史性的转折，我们要不要"轧"上历史的这一脚？

＊我们的情绪和身体状况，能负荷多一个孩子吗？

＊我们如何掌握第二个孩子和工作之间的平衡？

＊未来的三到五年之间（养育第二个孩子的关键时期），我们会住在哪儿？

＊第二个孩子会不会冲击我们的经济？我们的婚姻关系坚固吗？

＊如果考虑得久一点再做要不要生第二个宝宝的决定，我们会不会成为高龄产妇？会不会对孩子及我们自己的健康造成影响？

＊我们的朋友大多都只有一个孩子。若我们拥有两个孩子，是不是会被朋友们嫉妒？别人会不会有意无意地在社交上排挤我们？

把以上的问题摆在心头，没事时就想一想，再问一问自己，真的要生第二个宝宝吗？

1. 做决定难，不决定更难

做决定，是非常困难的。而不做决定，则更困难。尤其是对于在没有兄弟姐妹的环境下长大的人，他们没有相关经验，却需要决定是否给自己的孩子一个兄弟姐妹，凭想象判断，确实挺困难。

但其实，做决定是有方法的。这个方法，不论是在人生的何种十字路口时，都很好用。尤其在疑惑很多，或举棋不定的时候。

我不想影响你们的决定，希望你们遵从自己的意愿，加上多方考量之后，做出对你们的家庭最有利和最客观的决定。

2.Pros and Cons（好处和坏处）

在举棋不定的情况下，美国人喜欢通过"Pros and Cons"这种方法来做出最有利的决定。

Pros and cons 是拉丁语。Pros 的原意是 in favor of，字面意思是赞成，也就是这样做的好处是什么；而 Cons 是 contra 的简写，原意是 in opposition to 或 against，字面意思是反对，也就是这样做的坏处是什么。

简单来说，就是分别列出生第二个宝宝，有什么好处和什么坏处。不生第二个宝宝，又有什么好处和什么坏处。

具体做法是：拿出两张较大的纸，在纸张的上方写"要生二宝"，下一行的左边写上 Pros，右边写上 Cons。例如：

要生二宝	
Pros（好处）	Cons（坏处）
1. 大宝有伴	1. 家庭费用增加
2. 兄弟姐妹互相学习	2. 照顾孩子太累
3.……	3.……

以此类推，最后，看看哪一边的数目字大，哪一边让你更无法舍弃，就依照那边去做决定吧，因为那是对自己的家庭最有利的决定，做这样的决定，日后你们后悔的几率比较低。

如果不想生二宝，也可以如法炮制，同样用一张纸，列出表格来。

不生二宝	
Pros（好处）	Cons（坏处）
1. 省钱	1. 大宝好孤单
2. 少累	2. 家庭乐趣减少
3. 财产继承无纠纷	3. 家庭成员少，"421"可能变成"420"
4.……	4.……

写完后比较一下，看看哪一方的数字多，哪一方对自己和家庭来说更重要，也就是说这一方是有利的，那么你们就可以做出选择了。

3

孕前准备

做好相应的物质准备

多了一个宝宝，家里从小到大，几乎无所不变。虽然如此，倒也不至于如临大敌，而应以欢欣鼓舞的心情，就像要开一个派对一样，做各方面的准备。

1. 空间准备

当我们只有一个孩子时，我家的格局是一个客厅，一个餐厅，一个厨房，一个卫浴，两个卧室。客厅到餐厅之间，是长长的通道，让孩子可以尽情玩耍，不会摔倒或受伤。他甚至可以在家里骑脚踏车，没有障碍。

但当我们计划要生第二个孩子时，我们本来的两个房间很显然就不够了。我们的思考是，每个孩子都应该有自己的房间，不管是相同性别或是不同性别。

打定主意，我们就请设计师重新设计我们的家，也就是将原来的格局打破，重新设计成 4 个人的家。

所以，原有的乒乓球案子，因要准备怀孕而不得不收起来了。

你也许会疑惑，花那么多钱，就为一个孩子的来临？没错。一个孩子就是一个人。一个人，就该有他自己的空间。

我们当初结婚时，计划是只要一个孩子就够了。所以，在房屋面积不宽敞的情况下，又想给孩子充足的空间玩耍，设计房子时就只考虑了一个孩子的情况。但我们怎么知道，老大那么渴望一个兄弟姐妹呢？而且，我也不知道，我竟然是那么地爱孩子，爱小朋友啊！如今，想法改变了，房子当然也非改不可。

　　我们把自己的家重新设计，将原来两个房间改成三个房间，就是为了迎接第二个宝宝的来临。

除此之外，宝宝房间的布置，也要下很大的功夫。

美国家庭特别重视新生宝宝的房间布置，不但要做得尽量专业，还要做得尽量省钱，因此，通常是夫妻和大宝三个人一起设计和布置。爸爸妈妈会问问大宝的意见，让大宝参与，而大宝在参与的过程中，深刻感受到自己是大孩子了，很受重视，对弟弟妹妹的爱和责任也随着参与的过程一点一滴地渗入心中。

有的父母会将宝宝的房间布置得很中性，这样不论生男生女，房间都适用。如果你选择这种做法，那么小宝的房间随时都可以布置，不必等到最后揭晓谜底。

还有一些父母会等到确定宝宝的性别后，才开始布置小婴儿的房间。通常来说，男婴会选择蓝色，粉红色则多用于女婴。

不过，也有些父母对新生婴儿房的布置很有创意，不用传统的色彩区分孩子，而以大自然、大海、阳光或动物等主题式做布置。

你一定想象不到，美国的父母是多么地重视空间的设计与布置，因为美国的婴儿从医院抱回家，直接就要在自己的房间睡觉。因此，把房间布置得很温馨，兼顾舒适度和安全感，都必须被考虑在内。

我常听到国人说他们的孩子不敢自己一个人睡觉，我想这应该是与孩子从小和父母一起睡觉有关。让孩子从小自己睡觉，对孩子和父母都比较健康，更不会导致害怕自己一个人睡觉的阴影出现。

2. 人手准备

既然有两个孩子会让父母手忙脚乱，那么你身边若有可用的人手，不要放弃。

最佳的助手人选，不外乎爷爷奶奶和外公外婆，以及各种亲戚和朋友。这里要提醒大家，千万别忽略了邻居。常言说得好，"远亲不如近邻"，这句话可不是说说而已，是真的很好用。

但要让邻居变成自己的助力，平时就得多和邻居交往，互相帮忙，至少见面要打打招呼，不能等需要的时候才想着去联系邻居，大家都没什么信任度。

同学和同事的话，年纪相差不多，可以将他们也纳入你的备用人手区，因为他们会给你意想不到的便利哦！尤其对于父母不在身边的小两口，同事更是不可缺少的助力。由同事拓展到他们的亲戚朋友圈，可以无限延伸，你的人际关系网也随之扩大。

但在扩展人手资源时，务必要先摒弃传统的"不打扰别人"的原则。"人际往来"嘛，都是有来有往才行。打开门，让别人有机会走入你的世界，帮助你，将来你也有机会帮助别人，不是很好吗？

我在搬入现在住的这栋大厦时，一个人也不认识。我就贴公告邀请大家到我家来参加派对。后来我又担任了大厦的文化部长，连续做了两年的义工，常常要去敲邻居家的门，因此后来六七十户邻居和我都很熟。万一我需要人帮助时，这六七十户邻居都在同一栋大楼里，比我的父母、亲戚、朋友来得快多了。

3. 资金准备

从怀孕到生产，费用是省不得的，但也不一定要花很多钱，就看你怎么做了，在不同的医院做产前检查和生孩子，费用会天差地别。

老实说，我怀着老二时曾异想天开，想要实验看看胎教是否真的会影响一个婴儿，同时又想让老大在老二出生之前，有一个和妈妈两人共处的旅行，于是我就发起了一个旅行计划。我很想知道，如果妈妈在怀孕时都在旅行途中，那么胎儿出生后是不是就很会旅行或很爱旅行？

那个计划，现在回想起来，觉得太天方夜谭，也太幼稚了，我还真不知道我当时的胆量是从哪儿来的。在人生地不熟的情况下，居然一个人挺着肚子，带着老大远渡重洋到美国，一边旅行，一边陪大宝在美国的小区里冒险，或者到美国图书馆的儿童馆见识并参与他们为儿童们所规划的各种活动。不仅如此，期间我们还搬了几次家。

到医院做产前检查时，很多关于怀孕及医疗的英文我都不懂，所以每次到医院做检查，我都要随身带着一本英文字典，碰到不懂的地方，就请医生查字典给我看，以帮助我了解医生在说什么。

这一段是儿子和我的人生中，非常难忘的冒险。

那次的怀孕旅行实验，让我体会到东西方国家之间国情的巨大差异，医生对待孕妇的不同态度和原则。那些产前检查和美好的生产经验，让我对生命的认识全盘改观。我觉得所有的女人和婴儿，都值得被好好疼爱和关注。女人真的很伟大呢！

至于当时我到底花了多少钱，已经忘记了。只记得我向医院申请了两年的分期付款，而且，美国的医院直到孩子出生后，才寄账单给我。换句话说，整个产前检查过程，我没有收过一张医院的账单。

是不是所有的美国医院都一样呢？那我可就不清楚了。

至于为什么我那么大胆？也许和我旅行经验很多有关，我到哪儿都不紧张，还能享受其中。

因此，你究竟需要花多少钱来做产前检查和生产，可以看看你习惯去的医院，了解一下行情，心里就可以有个底。

至于婴儿出生后的费用，有老大的经验，你一定已经知道费用大概是如何了。及早准备相关的费用，绝对是必要的，至少不必事到临头，才慌张地筹钱。

4. 物品准备——产前送礼派对

如果计划生老二，那么老大用过的物品，很多都可以留下来给老二用，而不必什么都买新的。全部买新的不但没必要，而且花钱太多，对小家庭也是不小的负担。

在我们国内，这个环节通常是在宝宝出生后才进行的，但是这样会带来一个弊端：宝宝的父母不知道该给孩子准备哪些物品，只能随意购买，等宝宝出生后收完礼物时，才发现家里出现很多重复的物品。

在美国，通常在孕妇临盆之前，她的好朋友会出面帮忙筹办一个婴儿出生前的送礼派对，叫"Baby Shower"，中文可以叫做"产前送礼派对"。

去参加"产前送礼派对"的人，都会送去婴儿所需要的各种用品，包括衣服、帽子、袜子、鞋子、尿裤、尿布、玩具、婴儿推车、洗澡盆……几乎应有尽有。这样，要生孩子的人在孩子出生之前就已经拿到礼物，也就知道自己该补充哪些物品。这些物品不一定是全新的，自己宝宝用过的、但还有使用价值的，都可以送。

这个"产前送礼派对"的用意，不只是表达对新生儿的祝福，更可以及时分担这个家庭的开支，让他们不会因为宝宝来临而一下子花掉太多的钱。

有的人人际关系很好，怀孕一次，不仅仅只有一个"产前送礼派对"，而是会有两到三个，收到的礼物都可以用卡车载回家了。

你也可以学着这么做，或者在怀孕后就向朋友、邻居、同学们询问，是否有用过的婴儿用品可以赠送给你，可以省下大笔开销。

我的两个孩子几乎都是穿我妹妹的孩子们的衣服长大的，也用别人用过的东西。同样的，我的孩子穿不下的衣服，不再看的童书，不玩的玩具，我也会清洗干净后整理打包，送给需要的人。

对年轻家庭来说，能省一分钱就是一分钱，而且婴儿长得很快，不必买的东西当然可以省省了。我想，你的宝宝长大后如果知道了你的做法，不但不会嫌弃，反而会觉得你们聪明睿智呢！

引导大宝接受未来的
弟弟妹妹

人性的嫉妒、占有欲、自私、幼稚和不理性，是可以通过教育而转变的。在接受弟弟妹妹这件事上，尤其如此，我们可以将所有可能出现的负面引导到正面。

以下几种做法可以供父母参考：

1. 准备改变

当父母决定要生第二胎时，整个家庭已经开始发生改变了，全家人都要准备改变。

原来的铁三角，现在变成了四边形。这四边形是正方形？长方形？梯形？平行四边形？还是菱形？甚至是风筝形？

究竟会成为哪一种四边形，完全看家人做的准备工作如何。四边形的变化那么多种，而父母和大宝这个原来的三角形，可以一起集思广益来想想，到底想要什么样的四边形，以做出弹性调整。

至于把握四边形的变化方向，重大责任在于父母，因为唯有父母才是这个家的真正的掌舵人。

2. 给大宝时间

要准备有第二个孩子，大宝的心理是不能忽视的。除了需要和大宝讨论外，也得将大宝视为怀第二胎的重要讨论对象。

趁着在考虑怀孕的适当时机时，将大宝作为大孩子般对待，不论他或她的意见是否成熟有用，都要显得非常重视。

例如，对他（她）说："大宝，妈妈当初怀你时，花了9个月时间，你在妈妈的肚子里待了这么长的时间，我们两个人当然是最要好的好朋友啰！妈妈想听听你的想法，请你告诉妈妈，你觉得妈妈什么时候给你生个弟弟妹妹比较好呢？

"喔！对了，妈妈在怀你的时候，身体很不舒服，会恶心和呕吐，有时候甚至不舒服到吃不下饭。因此，如果妈妈又怀孕了，可能需要你的帮忙。你愿意帮帮妈妈吗？如果小宝知道哥哥（姐姐）当初帮过他，小宝一定会很爱哥哥（姐姐）的。"

诸如此类，把孩子当成一个成人来对待，而非只是不懂事的小孩。大宝会觉得自己长大了，变成了一个重要的人。小朋友最喜欢的就是长大，不是吗？

父母也要趁这个阶段，多多陪伴大宝，多和大宝玩耍，多听大宝的心声，让大宝感到小宝的来临不会威胁到自己独一无二的地位。

例如，我在怀老二时就把工作辞掉，全程陪老大玩。我带着老大到处旅行，只有我们母子两人的旅行，让儿子感觉到他和妈妈是好朋友。

我们甚至旅行到国外，从夏威夷到旧金山，再到犹他州。我们常常到图书馆去听故事，也在小区的公园里玩耍。

从不害喜后，儿子就和我一路游玩，而我，就边旅行边做产前检查。我用行动告诉儿子，就算将来弟弟或妹妹出生了，他还是妈妈的

挚爱，永不会改变。

我们母子的旅行时间很长，出门时是两个人，再加上肚子里的胎儿，到回家时变成了三个人。

我的两个孩子之间的感情很亲密，我没有看过他们兄妹吵过架，反倒是互相为对方掩护的时候多。我猜，也许是我把老大的种种疑虑通过旅行纾解了。

3. 怀二胎前让大宝参与做决定

也许你会想，孩子才那么大，这种事儿怎么能让他/她参与决定？

首先来说，既然大宝是家中的一分子，那么家中要增加一个人，当然是与大宝息息相关的，怎能不让他/她参与做决定呢？更何况，让大宝参与做决定，不但没有坏处，还好处多多。

首先，被父母征询，还煞有介事地参与讨论，会让大宝觉得自己的地位很重要，因而更看重自己，并慎重发言。

其次，大宝开始学习接纳老二的来临，从观念上开始接受。这让父母在教养上轻松很多，有事半功倍之效。

第三，大宝有时间做足够的心理准备，和老二分享父母的爱。当父母不再只属于自己时，大宝的心情难免会七上八下。和大宝提前讨论，不会让他感觉很突然地去接受这件事。

第四，大宝从小参与讨论做决定，有助于养成民主的精神，学会如何观察，如何参与，如何讨论，以及如何做决定。这个学习过程是非常难能可贵的。

最后，既然大宝在妈妈怀二胎前就参与了讨论，那么这种参与感会让他觉得，这儿没有隐藏的秘密，可以安心。

4. 别让亲戚朋友给大宝"打毒针"

有些大人，尤其是准备生二宝的那个家庭的亲戚朋友或左邻右舍的邻居们，有时候会喜欢对那个家庭里的大宝说："你的妈妈怀孕了，她很快就会生宝宝，到时候，你的爸爸妈妈就不要你了。"

那些大人以为对一个孩子说这样的话很好玩，很幽默，其实这个想法显示的是大人的无知和残酷。他们说话纯粹只是说话，根本没有思考过这样的玩笑话一出口，将会引起什么样的后果。

有时候有些人不晓得，他以为的随便说说的话，脱口而出的后果是非常严重的，尤其是对稚龄的孩子更甚。

在开玩笑时，大人得想想，对一个认知还没定型的孩子说这样的话是否恰当呢？什么话可以说，什么话绝对不能说，要先在脑袋瓜里想一想后再出口。

不过，"一样米养百样人"，每个人成长的环境不同，受到的教育不同，心性、想法都不同。因此，如果你们计划生第二个孩子，在和亲朋好友或邻居见面时，最好先打个招呼，并在大宝面前告诉那些人，你们非常爱大宝，而计划生二宝只会让大家更相爱。

若有人还是不以为然地要开玩笑，就要私下和他协商，说明其严重性。若对方还是不买帐，那么为了保护孩子不受负面的影响，就要减少和对方来往，实在不得不见面时要保持距离。

孩子成长过程中，很容易受到别人的影响，这影响分正面和负面两种。挑选适当的对象，让孩子接触正面的影响，从而远离不适当的人，是当父母的人的一种责任，是为了保护自己的孩子。千万别为了维护亲戚好友或邻居的面子，就让自己和孩子忍受那种无礼的说法。

5. 改变称呼

在我们全家会议通过，决定要生老二时，我们就开始改变对儿子的称呼，爸爸妈妈都叫他"哥哥"。

这样的称呼，让他觉得自己真的不一样了，是"哥哥"耶！既然是"哥哥"，那就是"老大"。"老大"，不论在哪里，都要受到一定的尊重。因此，有关于老二的一切，我们都拿出来和他讨论，听听他的意见，包括弟弟妹妹的小名，也让儿子给起。后来，我的女儿出生后，儿子给她取名"妹妹"，我们全家都叫她"妹妹"，直到今天，我们还是如此称呼孩子。

6. 提升大宝的"规格"

既然当了"哥哥"，那么，他的房间也要提升规格，要重新布置。事实上，孩子长到一定身高时，原来的房间是有必要做些改变的，于是，就趁这个机会为大宝换新，让他觉得自己因为要做哥哥而变得很重要。

同时，我们也征求他对二宝房间的布置的看法，并且让他参与布置。这样一箭双雕的做法，既解决父母在布置婴儿房时人手和创意不足的问题，又兼顾了孩子的情感和心理需求。

7. 让大宝参与妈妈怀孕期间的生活点滴

在怀着二宝时，我让儿子趴在妈妈肚子上倾听妹妹的声音，让他和妹妹对话。我还告诉他，妈妈在怀他的时候，他也如此踢妈妈，我和爸爸也如此倾听他的心跳。儿子觉得非常神奇。在二宝踢妈妈时，我就让大宝和二宝玩"踢与抓"的游戏，只要妹妹踢妈妈，他就抓住妹妹的脚，要她别这么调皮。儿子玩得不亦乐乎，早早地就培养起了与妹妹的感情。

首先，被邀请参与就是一种被认同，被接受，被肯定，让他／她知道自己属于这个团体，而不会有自己成为外人的感觉。妈妈在怀孕时让大宝参与生活点滴，最重要的是让他感受到生命的喜悦。

在生命到来的喜悦之下，孩子会想知道，到底老二在妈妈的肚子里在干什么？为什么妈妈的肚子一天比一天大？会不会有一天，妈妈的肚子大得像西瓜那么大呢？会大到像气球一样爆破吗？

这儿有大宝对生命的好奇，以及观察力的培养。借着触摸妈妈的肚子，大宝也能感受到老二的存在，甚至隔着妈妈的肚子和弟弟妹妹沟通，一起玩游戏。

这样的经验，对一个小朋友来说，就是一场活生生的生命体验。

让大宝贴着妈妈的肚子聆听老二的心跳，那是何等的奇妙啊！

此时，父母还可以教大宝画图，画出妈妈怀孕期间的变化，还可以邀请大宝每天读故事或编故事给老二听。借着这样的互动，大宝的想象力和观察力都可以得到锻炼，到老二出生时，大宝所获得的对生命的惊喜是难以描述的。

我还带着大宝去做产前检查，让他能看到医生如何给妈妈检查，如何谈新生婴儿的事情。美国的医院都采取预约制，没有人满为患的问题。基本上医生给每个病患的时间大约是半小时左右，所以，医生的态度是从容不迫的。

每次我的医生都会先问我儿子好，问问他做了哪些活动，还会对他说说妹妹在妈妈肚子里的"长势"。实际上，医生做了很多本来该我做的事情，这对我帮助很大。

8. 教给大宝怎样当"老大"

有些人是天生的领导者，兼具慷慨的特质，是名副其实的"老大"，但更多的人是要通过学习才能做到的。因此，我购买了很多儿童书籍，经常给大宝讲一些关于"老大"的故事。

有时候，我会带着儿子看动物的互动，让他向动物学习群体和个体的差别，包括个体之间的分享、互动，学习领导者该如何领导团队。

9. 二宝出生前，给大宝更多的关注

从讨论决定是否要生老二时开始，父母就要善用机会，多带大宝去旅行，并将注意力集中在大宝身上，让他觉得父母没有因为要生老二，就减少对他的关注，或减少对他的爱。

另外，我们常常全家一起到外面野餐，父母和孩子一起奔跑、追逐（妈妈要视身体状况量力而行，爸爸则要多参与）。孩子乐在其中，自然不会担心父母的爱将被弟弟或妹妹抢走。

在奔跑时，我会对儿子说，将来弟弟或妹妹出生后，就可以和哥哥一起奔跑了。但我也提醒他，小宝宝刚出生时，就只会睡觉、吃奶和啼哭而已，当然了，有时候逗小宝宝笑，小宝宝也会欢笑。

这个提醒，是为了避免儿子对小宝宝的期望值太高，以为一出生就可以和他一起玩，一起笑，以至于看到新生的宝宝后失望。

带大宝出去玩，能降低大宝对老二来临的压迫感，使他/她放松。在蓝天之下，孩子在大自然中奔跑、追逐，有助于培养孩子内心的安全感。

这是将铁三角平稳过渡成四边形的最后机会，父母一定要把握好。

10. 选择有兄弟姐妹相处情节的童书给大宝看

儿童图书馆有童书可以出借，我从那儿借了很多回家，特意挑选关于新生婴儿和其兄弟姐妹的故事书读给儿子听，如：宝宝刚出生时，睡呀睡，睡一整天，然后就会尿尿和大便，哇，还要清理换尿裤。接着，宝宝肚子饿了，哭了……"嘿！你以前也是那样的喔！妈妈就得不断地给你换尿裤、泡奶、抱抱……妈妈每天都很忙呢！""如果妹妹出生了，妈妈需要你的帮忙。也许，你可以和妈妈一起给妹妹换尿裤和擦屁股，甚至为妹妹洗澡。"

11. 了不起的仪式

担心自己不再是父母的最爱，是人之常情，一旦有人要来分爱，当然会不安。如果父母很难体会，可以假想一下，假如丈夫或者太太有了第三者，自己是不是会强烈得不满？嫉妒心是不是就像狂风暴雨一样无法抵挡？这样的假想可以让父母了解身为大宝的心情。

如果可能，在带大宝探视爷爷奶奶或外公外婆时，或者全家来一趟大旅行时，由大宝做主持人，向一众家人宣布，他核准爸爸妈妈从现在起，可以怀小宝了。

那将是一个很了不起的仪式。我相信，大宝一生中都永远忘不了那个情景。

想想看，在长辈面前，或者在其他旅客面前，大宝有机会宣誓这么重大的家庭决定，那是多么威风的画面！再加上，旅行当中的人，心境是开放的、喜悦的，这一定会使大宝及家人的喜悦加倍，给大宝留下极其深刻的印象。

当二宝从医院回家时，大宝做的卡片"欢迎妹妹回家"就挂在公

寓的门口。然后，还要经常告诉大宝："二宝已经是我们家的一员了。她会一直和我们住在一起，我们不能把她送走。"这样说是因为在孩子的认知上，有时候会觉得这个宝宝是"空降部队"空降到这个家的，说不定哪天就走了。

　　当然，你也可以仿照美国人的做法，送一份礼物给大宝，告诉他那是二宝送给他的礼物。

选择合适的怀孕时机

当我们的家庭会议通过要生第二个孩子的决议后，我就积极开始做各项准备。当时，我的儿子是三岁，我预期两个孩子之间，年龄相差不到四岁。

我非常地期待，以迫不及待的心情希望立刻怀孕。也许是过渡期待的关系，我的月经停止三个月没有来，而且各种怀孕的症状我都有，包括恶心、呕吐，以及食不下咽。我因此很自信地认为，我怀孕了。

当我兴冲冲地到医院的妇产科做正规的产前检查时，从医师那儿得到的答案居然是假性怀孕。

假性怀孕是由心理暗示而来的一种假怀孕症状。通常出现这种情况的人，都是一些非常渴望怀孕的女人，尤其是一些结婚很久、面临长辈压力，却迟迟没有怀孕的女人。她们在极度想要怀孕的情况下，就会有这种心理暗示。

另外一些人，比如我，就是因为很喜欢小孩，所以一旦决定要生孩子就很兴奋，希望立刻怀孕。

何时怀孕最恰当？因每个人的背景和需求不同而不同：

1. 自己的年龄因素

如果是年纪较大的女人，当然是越快怀孕越好，不必等太久，也不能等太久。既然决定要生了，抓紧为要，高龄孕产妇危险较多。

2. 两个孩子的年龄间隔

如果是二十多岁的人，那么首先应该考虑的是两个孩子之间的间隔，几岁最恰当？假如两个孩子相隔一年，那么照顾起来足以翻天覆地，没有一分钟可以闲下来，一定会惨不忍睹喔！也许有人会认为，要生，就赶快一起生，反正都要人力照顾，而照顾一个婴儿和照顾两个婴儿，没啥差别。我想说的是，差别其实很大。

通常，年龄越接近的孩子，打架吵闹的几率就越高，不论孩子的性别是一致还是不一致，就算两个都是女生也是一样的。年龄接近，既会一起玩，也会一起吵。如果是相差一岁的孩子，一旦两人打起来，可是很认真的喔！

如果是相隔两岁的，要一起玩，要吵架，都是势均力敌的对手。

如果隔三年，老大已经会说话了，表达能力清晰，还有一些独立的能力和积极的心态，喜欢当妈妈的小帮手，就不容易和弟弟妹妹发生冲突。因此，相隔三到五岁，是比较好的。

我的两个孩子之间相隔了四年又八个月，对我来说，足可以应付自如，感觉照顾孩子不是太辛苦的事。因为大孩子已经懂事，也讲道理了，沟通起来容易。

那么，差个八岁、十岁，甚至十几或二十岁的，又如何？

基本上，年纪若差八岁以上，两个孩子之间，就不太像兄弟姐妹，彼此的关系不会太亲密。老大通常已经有自己的生活圈和朋友圈，不想和弟弟妹妹在一起，觉得弟弟妹妹很烦，但老二却喜欢粘着哥哥姐姐，两者没办法玩到一起。

对于父母来说，这种情况下的孩子的教养，彼此不太会有交集。因此，在这种情况下，姑且视为对两个独生子女的教养，是父母可以考虑的方式。父母若勉强老大接受老二，可能会起反作用，要小心。但等到老二长到上大学阶段以后，两个孩子会逐渐开放并接纳彼此。我的一个朋友的两个女孩子就是这种现象，姐姐告诉我，她小时候独立惯了，什么事都自己来，很看不惯妹妹什么事都要依赖别人。那对姊妹直到妹妹上大学后，两人才亲密起来，一如其他的姊妹。

我的小弟和小妹分别与我相差7岁和8岁，以前我觉得有义务照顾他们，甚至寄钱给他们。后来他们长大了，我们兄弟姐妹之间的关系愈来愈平等，已经没有大小之分了。

若两个孩子之间相差二十岁，则兄弟姐妹之间比较可能接近父母与子女的相处方式。父母生老二时，老大已经是成年人了，可以分担的工作很多，特别是此时父母的年纪已经大了，体力也不如前，很多工作可能都由大孩子承担。但若老大出外求学，那么又另当别论。

3. 健康因素

有健康的妈妈，才有健康的宝宝，这是大家都知道的道理。如果你的身体和精神是保持在非常健康的情况下，那么随时可以怀孕。

但是，如果你身体欠安，精神也不济，在这种情况下怀孕，对妈妈和宝宝都是负担。建议你等待一段时间，把身体和精神都调理好之后再怀孕，是比较好的。

等待期间要多管齐下，除了用饮食调理身体外，也许还需要医师

的指导，调整生活状态，并天天做运动。毕竟，生一个健康的宝宝，不只是孩子的福气，也是大人的福气，照顾起来也比较省事和省钱。

　　养成天天运动的习惯，是健康体魄的必要前提。例如，我每天早上起床，就到我家对面的植物园慢跑、快走，或做其他运动。若是当天早上来不及运动，那天晚上我也会找时间补上。如果你是工作非常忙碌的人，那么可以用多走路或骑脚踏车取代运动，效果也不错。放弃各种交通工具后，你会发觉你的身体状况很快就得到了改善。

要吃得健康。遵循少油、少糖、多纤维、多蛋白质的饮食原则，让你的肠胃正常运转，身体会很快恢复。

生活状态很重要。如果你是夜猫子，那么应该将睡眠时间调整成早睡早起。当然，如果你的工作必须是在夜间，那么多晒太阳也能补足身体阳气的不足。总之，尽量让生活方式简单、正常。

服药期间勿轻易备孕。如果你正在服药，最好在请教医师后，按照医师的指导进行备孕大事。

4. 经济状况

在经济窘迫时怀孕，时机不是太恰当，因为这样可能心理压力太大，再加上营养不足，对胎儿不利，对妈妈当然也不好。

这并不是说，一定要很有钱才能怀孕。我在怀老大时，家里甚至没有存款，婚前我所赚的钱悉数给了父母，而我老公的经济条件也不怎么样，所以，我们的手头一直都很紧。

但是，孩子比预期来得快，怎么办呢？我选择吃当季食物作为饮食的主要部分，不仅农药和化肥用量较少，价钱也便宜。

因此，在经济那么不利的情况下，我还是生了一个健康的宝宝。有时候，调整一些观念、做法，劣势也可以变成优势。

5. 时间因素

如果你一星期工作要超过 40 个小时，那么我将其定义为工作太忙。40 个小时，是发展中国家全职工作者的时间，也就是一天工作八个小时，一星期工作五天。

不论年纪多大，人都需要有适当的休息时间，这样体力和精神才可以兼顾，加上做家务的时间和个人社交时间，才能取得一个平衡。

因此，如果你工作时间太长，可以考虑缩短工时。如果工作环境和条件都不允许缩短，那么至少要减掉家里的工作时间。例如，将家事简化，如天天洗衣服可以改成一星期洗一次衣服，甚至两星期洗一次衣服。家人也要一起分担家事，让你有足够的休息时间。

至少在怀孕期间一定要天天阅读，这样做对你稳定心情帮助很大，而且也有助于你心智的成长。怀孕的妈妈爱阅读，那么生下来的孩子也比较可能爱阅读，这是胎教的一部分。但阅读需要时间，因此，调整自己的工作和做家务的时间是很有必要的。

6. 夫妻感情

既然要生第二个孩子，那么夫妻感情好不好是非常重要的。如果一对夫妻三天一小吵，五天一大吵，这样怀孕太缺乏安全感了，对不？

衡量一下，夫妻感情的基础稳不稳固？是不是可以加温？当然，有大宝需要照顾，你们已经很忙碌了，夫妻之间还能如何加温呢？

比如调整看事情和看人的角度，多去欣赏对方，虽然不容易做到，但却是很有效的方式，而且要双方一起进行这样的努力，效果才显著。

互相体贴更是必需的。肢体和口头语言的表达，都能增加夫妻的感情，例如多说"甜言蜜语"，多对对方说肯定的话，而不是批评等。当然，态度一定要诚恳。你是不是真诚，对方一定能感受到。

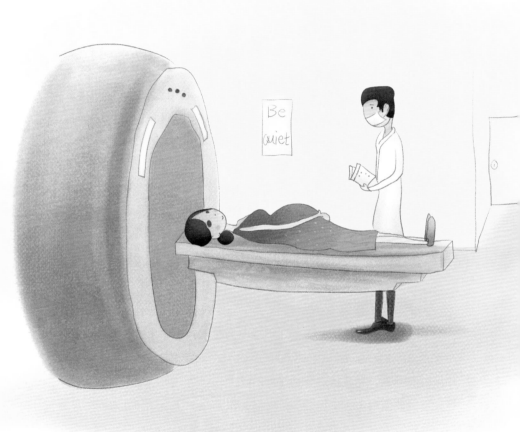

4

产前、产后护理

二胎孕妇的护理知识

第一阶段：第一个三个月，是播种期，有如春天

你的身体外型上看不出怀孕了，却是怀孕最辛苦的时期，主要原因是动辄呕吐，有些女人甚至闻到食物或香烟的味道，也会想吐。

我第一次怀孕时，闻到牛肉味就想吐，下厨做饭也会吐，做好饭后压根儿就吃不下。像我这样的人可说比比皆是。

在这一时期应少量饮食，吃低脂肪的食物和容易消化的食物，可以减轻孕吐。但我第二次怀孕时，这个现象就没有再出现。所以说，同一个孕妈咪，不同的胎次，可能表现是完全不一样的。

由于荷尔蒙的变化及血管扩张，血压会下降，有些女人在此时期甚至会眩晕。因此，躺下或坐下时动作要缓慢一点。另外，疲劳加剧，乳房增大，尿频，或大笑的时候可能漏尿，也是怀孕第一个时期的普遍现象。若出现便秘和胃灼热的现象，要少吃油炸食物，多吃水果和高纤维的食物，多喝水，少食多餐，可以帮助解决此类问题。

怀孕初期的心情七上八下——既高兴自己怀孕了，又担心和配偶的关系会因此变化，还担心胎儿是否健康，忐忑于自己是否能当好母亲这个角色……这些都会使心情发生改变，这很正常。若你需要配偶和家人的支持，就要大胆地对他们说出你的期许，没什么不好意思的。

第二阶段：第二个三个月，就像夏天

胎儿成长迅速，孕妈体重增加也迅速，每月约增重 2 千克，需要开始穿孕妇装了。现在的孕妇装很漂亮，如果喜欢，孕妈可以把自己打扮得很迷人并且富有孕味。这是整个怀孕期间最安全的时期，想做的一些事情，趁着这段怀孕的安全期赶快做，是聪明的选择。我在怀第二个孩子时，就从这个阶段开始长途旅行。

一般来说，第二胎的胎儿比第一胎动得更早，主要是孕妈有了第一次怀孕的经验，对于胎儿的移动敏感度更高。你可以在日历上记录胎动，若有必要，可将此记录拿去和医生做讨论。

此时期孕妈的乳房开始长大，乳腺发达，乳晕的颜色更深，可能还有肿块，这些都是在为哺乳做准备。子宫因要给胎儿一个更大的空间，体积开始扩大，重量也更重。

有些人在这一时期还是会眩晕，原因还是血流的速度加快的关系。因此，孕妈活动时动作要慢，尤其是躺下、站起来和坐下时，慢慢来，就可以避免眩晕的现象。腿痉挛或抽筋，也偶有出现。阴道也许会有分泌物，白色或黄色，若不严重，也不必担心。

第三阶段：怀孕后期，是最后的四个月，就像秋天

孕妈的心情可谓既期待又害怕——期待着宝宝落地，一个可爱的孩子就要出现在自己的面前了，同时又害怕生产的痛，以及随之而来的各种压力，包括身体愈来愈庞大，乳房也增加了数个罩杯。

除了乳房和体重双重扩增外，乳房还可能流出黄色的液体。体重增加，骨盆也扩大，背痛可能同时来报到，这可不是件舒服的事情。找一张有着坚固且舒适的靠背的椅子坐吧，你需要一张好椅子来支撑

你身体的重量。也许，你可以用冷敷或热敷来减轻你背部的疼痛。另外，换下漂亮的高跟鞋，穿一双低跟鞋子，在怀孕期间穿高跟鞋实在是一件很危险的事情呢！

第一二期的胃灼热和便秘可能同时都还存在，还是继续通过调整饮食、加强运动及多喝水来解决吧！由于子宫继续长大，血管的压力倍增，腿和脚及脚踝的地方可能会肿胀。你会发觉自己愈来愈笨重，有点像大象了。这时候，你要多找机会坐下休息，但切记别将双腿交叉。静脉曲张在怀孕第三期算是极其普通的现象，尽可能多喝水，多吃高纤维食物，可以解决这个问题。

什么是高纤维食物呢？通常水果和蔬菜中高纤维食物较多，五谷杂粮里也常含有非常多的纤维素，例如燕麦、荞麦、紫米、高粱、绿豆、黑豆等。

五谷杂粮的营养价值很高。如果懂得从五谷杂粮里摄取各种营养，那么怀孕和生产过程中就不必花费巨额的钱去买各种营养补充品了。

别忘记，大自然永远都提供足够我们的身体所需的食物，但你要懂得各种食物的营养特点。当你购买五谷杂粮或其他食物时，花一点时间读一读食物包装袋上对各种营养成分的分析，你和家人可以既吃得健康营养还省钱，完全不必道听途说或被商业广告牵着鼻子走。

高纤维食物能促进肠胃蠕动，通过进食高纤维食物、多喝水及适当运动，就可以解决孕妈或产妈的便秘问题。

当怀孕接近产期前，随着胎位下降（从肚皮外观就可看出来），压迫膀胱，尿频或漏尿现象更加频繁，这是正常的生理现象，不用太难为情。如果你因为漏尿而尴尬，可以使用卫生护垫；外出或去上班时，你可以在背包里放一两件干净的内裤和塑料袋，以备随时更换。

怀孕末期，阴道可能流出更多水或黄色的液体，也别为此太惊慌，

这也是普遍的现象。

　　调整心情，准备好迎接胎儿的随时报到，尤其是第二胎的婴儿提早出生的概率不小。做好心理准备和物质准备，等到孩子呱呱落地时做父母的就不至于手脚慌乱。

生第二胎通常比较快

我的第二次怀孕和第一次怀孕完全不同。第一次怀孕，我害喜很严重，闻到一些食物的味道都会呕吐，以致到怀孕的最后一个月，我的主治医师还为我如何增加体重而伤脑筋。

最后，我的医师使出杀手锏，他说："你再不吃，你的宝宝出生时体重将低于 2500 克。若是那样，孩子出生后，得留在医院的保温箱一段时间，直到他的体重上升到足够了，才能出院。"

这已不只是孩子的健康问题，医院保温箱的费用也很高昂，超出我们所能承担的程度。

那个月，是我最努力吃东西的时刻，孩子也很配合，比预产期晚出生了两星期，终于达到了免于进保温箱的体重。

1. 头胎姗姗来迟

通常，头胎比预产期晚出生的几率很大。而且，头胎在生产时通常比较慢。换句话说，就是阵痛的时间会很长，像我一样，阵痛十几个小时后还要打催产针，婴儿才能出来的产妇，一点儿也不少见。

你以为我怀孕时运动量不足，生产才那么辛苦？不，我家里有乒乓球桌，怀孕期间我们夫妻天天晚上打球，直到我生产的前一天晚上还在打呢！除了打乒乓球，我散步也很多，运动量应该绰绰有余。

2. 老二通常较快

我怀第二胎时情况好太多了，没有任何不适。不知道是不是和我怀孕时都在旅行有关，还是通常第二胎就是会比较顺畅呢？

为此，我特地做了调查，众多女人分享了她们生头胎和第二胎的差异。果然，第二胎在生产时时间缩短很多。如果有机会生第三胎，速度还会更快。不只这样，我的第二胎生产比预产期提前了两个星期，我当时都还没准备好要生产呢！

第二胎时先破水了，我立刻打电话给我的医师，他告诉我，三个小时就会生了，要我立刻去医院，说他会帮我挂号，我直接进入产房。

我到达医院时，美国的老义工推着轮椅向刚下车的我走来，让我坐在轮椅上，直接把我推到产房，正常的就医程序都免了。

对于这样的服务，我感到非常讶异。我的一通电话，医生不但帮我挂号，还安排了义工推轮椅接我——或许义工一直在现场等待孕妇下车吧，我这么猜想——并将我从医院门口一直推到产房。

我还清楚地记得，产房内有两个医生和两个护士在为我服务，他们的态度好极了。医生们向我询问要自然生产，还是剖腹生产？他们不帮产妇做决定，一切都尊重产妇自己的需求。当我决定要自然生产时，他们还问我做这样决定的原因。

然后医生鼓励我，如果痛，就大声叫出来，不必忍耐，当然更不必压抑自己。产房内有最先进的设备，有的可以监控胎儿的心跳，有的可以监控我身体内的变化，医生和护士们很容易掌握我的情况。

我的一位好朋友全程在产房内陪伴我生产，让我不必孤军奋战，这样的人道主义，让我感动。

果然，三个小时后我的女儿诞生了。一声啼哭划破天际，实在动听啊！医生和护士帮我的女儿擦干身体和头发，把她抱给我，那真是无比幸福的一刻！看到我美丽的女儿正在吃她的手掌，我刚才的痛楚都在那一瞬间消了。

接着，我就被用轮椅推到房间。在我能自己下床上洗手间时，我的女儿也马上被送到我房间来，躺在我身边，我可以随时哺乳。

我生两个孩子的经验完全不同，生老大时痛了很久，还挨了一针，才把孩子生出来。孩子出生后，医生说我痛太久了，需要充分休息，又帮我打了一针，让我睡了长长的一觉。

大多数的女人在生第二胎时阵痛的时间缩短了，生产也比较顺利。

母乳最好

孩子呱呱坠地，第一要事当然就是吃了。给孩子吃什么最好？

生第一个孩子时我还在工作，只有在坐月子期间亲自哺乳，月子坐完马上回到工作中，孩子就只能吃奶粉了。当时还没有出现妈妈将奶挤到容器中后冷藏保存，然后加热给婴儿吃这种巧妙的方法。

到第二个孩子出生时，因为在旅行，没有工作，我就计划要让孩子尽量多吃母乳。因此，我的女儿吃了 9 个月的母乳，直到我们带着老大去旅行时，才趁机断奶。

两个孩子身体都很健康，尤其老二，连感冒也很少。

关于吃母乳让婴儿更健康的研究很多，以上不过是我个人的经验而已。如果情况允许，让孩子多吃母乳，这样不但孩子健康，母亲和婴儿之间也更亲密，还可以省下一大笔购买婴儿奶粉的费用。

大家都知道吃母乳是最好的选择，那么具体有哪些好处呢？

（1）对婴儿来说母乳是最营养的食物（当然前提要妈妈是健康的），有助于增强宝宝免疫力。美国儿科学会（American Academy of Pediatrics）是非常权威的儿童研究组织，他们强烈建议婴儿出生后 6 个月内要吃母乳，对宝宝和妈妈的健康都是最好的。

（2）降低发病率，如消化道疾病、呼吸道疾病、耳朵感染、脑膜炎等，即便发生了，症状也较轻微，这是美国婴儿中心网站（www.

Babycenter.com）综合世界各国医疗机构提供的数据得出的结果。

（3）降低死亡率。母乳喂养的婴儿在出生后一年内的死亡率比非母乳的婴儿降低了20%，这是美国国家环境健康科学机构（National Institute of Environmental Health Sciences）的研究成果。

（4）免疫球蛋白A（Immunoglobulin A）发挥了重要的免疫功能，尤其是在保护婴儿的肠胃、鼻子、喉咙方面。

（5）降低儿童罹患癌症的几率。具体原因目前还不得而知，据分析可能与母乳含有抗原体和可增强免疫系统功能相关。

（6）降低儿童将来患糖尿病、高血压、高胆固醇及各种炎症等的几率，降低发高烧的几率。

（7）婴儿中心网站指出，多个研究显示，婴儿的智力也与吃母乳有关。其中一个针对17000个婴儿连续做了6年的研究证实，母乳喂养的孩子智力要高于非母乳喂养的孩子。另一个针对4000个婴儿连续做了5年的研究显示，母乳喂养的孩子在字母方面的学习成绩比非母乳喂养的要高。出生时体重不足的婴儿，吃母乳使体重显著增加。

（8）降低儿童肥胖症发病率和婴儿猝死率。

（9）哺乳对妈妈的好处是具有放松精神的作用，还可降低产后抑郁症发生率，对于产后的子宫收缩也有很大帮助。

（10）哺乳还可降低患乳癌和卵巢癌的几率。这样的研究很多，主要可能是因为雌激素被抑制的关系。且以哺乳满一年效果较明显。

但如果母乳不够喂饱孩子，就要补充婴儿奶粉。我有一位好朋友告诉我，她的奶水很多，多到孩子吃不完，可孩子还是哭叫不停。最后检查结果是她的奶水虽多，但营养不足，孩子吃不饱，难怪不停哭。

因此，如果你决定要喂养孩子母乳，而孩子吃完后还是哭个不停，一定要咨询专家找出原因，才能对症下药，解决问题。

不同场合如何哺乳？

1. 带宝宝外出时带条小毯子。

要说吃母乳的缺点，那就是吃母乳的孩子比较容易饿。不过，外出活动时妈妈可以预估一下时间，安排在适当的地方哺乳，不因在公共场合而感到没有隐私。

我一位美国华裔朋友哺乳时，总是带着一条薄毯子，撑起来盖住孩子的头，当然也盖住了妈妈的乳房，这样不论到哪儿，都可以在孩子需要吃奶时喂喂孩子，而不会让外人看到妈妈的乳房。更妙的是，孩子在吃奶时被毯子盖住了头部，享受着黯淡的光线，还更容易入睡。

2. 如果你是职业妇女。

职业妇女坐完月子后得回单位上班，那么你可以在工作期间用手或用吸乳器挤出母乳，放到奶瓶中冷藏起来，下班后带回家给宝宝吃。

通常，在回去工作前的两个星期，你就要开始学习挤奶，也让宝宝学习吃瓶中妈妈的乳汁。

如果你决定这么做，那么你需要准备吸乳器（用手挤的话可以不买）、消毒奶瓶（容量以宝宝一次可以喝完为准）及冰箱。挤出的乳汁也可以冷冻，但以两星期内使用为佳。冷冻乳汁不可以放到微波炉内加热，应先放到常温下或冷藏室解冻，或者用热水浸泡奶瓶的方法解冻。解冻后的乳汁温度以不超过 60 摄氏度为原则。

另外，职业妇女还需要准备哺乳胸罩（可以一只手轻松打开）、防溢乳垫（可防止乳汁溢出来弄湿衣服）、哺乳专用的衣服（有隐藏式开口，方便哺乳，保护隐私），以及隐秘舒适的挤奶场所。

如果你的工作单位可以提供挤奶场所最好，否则就需要自己想办法找个合适的地方。

哪种婴儿奶粉好

请相信我，每家婴儿配方奶粉公司都认为自己家的奶粉质量最接近母乳（这岂不是侧面证明了母乳最好？），是质量最好的奶粉。

奶粉公司通常会以"小儿科医师推荐"的广告语来增加其公信力和说服力，但你我也都知道，商品质量和广告之间不能画上等号。更正确地说，世界卫生组织（WHO）是禁止婴儿配方奶粉做营销和广告的。而且，世界卫生组织还建议妈妈们，婴儿出生后六个月内最好是吃母乳，之后再开始加入辅食。

最贵的奶粉，是不是质量最好？不一定。有时候，厂商的营销是一种心理攻势，鼓动一心想给予宝宝最好的奶粉的父母买单。

还有的父母，徘徊在国产奶粉和进口奶粉之间，难以做出决定。

奶粉关系到金钱的付出，因此，我想把这部分的权力交在你的手上。你是消费者，请睁大你的眼睛，多了解，多打听，慎重做出决定。道听途说，有时候反而误事。

专家建议参考以下三个选购婴儿配方奶粉的条件：

（1）找有正规批准文号的奶粉，质量有受到监督；

（2）到正规商场购买，不贪便宜买水货，不买来路不明的婴儿配方奶粉；

（3）买大品牌的婴儿配方奶粉，相对更有信誉。

二胎产妇的护理知识

1. 女人，你真伟大

女人身体的构造，从怀孕开始，几乎是天天都在发生改变。想象一下，一个胎儿的头能够穿过阴道出来，不只胎儿自身要非常努力，妈妈本身的身体构造更要扛下这艰巨的任务。

2. 身体剧烈变化

让我们来看看，究竟女人生产前后的身体变化如何。

临盆前，妈妈的子宫是以前的 15 倍重，体积也超过 500 倍大。婴儿出生后，子宫收缩，阴道受到挤压甚至撕裂，这些过程之激烈，可想而知。

产后头几天，妈妈的子宫在肚脐上下。一星期后，子宫约重 0.5 千克，是刚生产时的一半重量。两星期后，子宫的重量又下降了一些；而到四星期后则下降更多，约达未怀孕前的重量。

这个过程，有够像魔术吧！女人，你得为自己的能耐感到骄傲啊！

而在骄傲的同时，在众人的焦点都放在新生的婴儿上时，女人，你更得好好地照顾自己呢！你该了解，即便你赚了全世界，但唯有身体是你的，所以，照顾好自己的身体是最重要的。

因此，你一定要把产后运动作为产后照顾的重要一环，而不是一心按照传统做法去坐月子，只管睡饱吃，吃饱睡。

怀孕时肚皮膨大，骨盆肌肉、阴道松弛，子宫下垂；坐月子期间又要吃那么多高热量的食物，所以产后更要适时适量做运动，以恢复到怀孕前的漂亮身材。

3. 恶露，一点也不可恶

生产后，体重逐渐下降，身体里多余的血和水逐渐排出。第一星期就有2~3千克的水排出。这时期尿频是正常的。但在生产的第一天，可能并没有要上厕所的感觉，甚至根本小便不出来，需要时间等待。

恶露，这个中文名词听起来让人很不舒服，感觉好像是很糟糕、很肮脏的东西。其实，恶露就是产后的出血，包括随着血而排出身体的血块和水。恶露，其实一点也不可恶，那是在协助排出不再需要的生产时残留的血水和血块。

恶露在产后的前四天排得很多，看起来像是月经，颜色或许更深。四天之后颜色渐淡，这时排出的水多而血液少，颜色大概是粉红色。从第十天开始，排出的应是白色或有点黄色的水，量也越来越少。

美国的医生建议，产后恶露的处理以使用卫生棉为佳，不要使用卫生棉条。我想，大概是因为卫生棉条需要插入身体内，而阴道刚因娩出婴儿而造成创伤，需要疗伤，所以卫生棉条不是那么恰当。反之，卫生棉是外部使用，相对比较安全。

4. 凯格尔运动帮助你恢复魅力

阴道和会阴部分因为生产而松弛，需要通过凯格尔提肛运动（Kegel Exercise）来恢复到怀孕之前的大小。

以下是美国梅约医学中心妇产科医师建议产后女人要做的凯格尔提肛运动，这是一种可改善产后阴道松弛和子宫下垂及骨盆底肌肉因为生产挤压所引起的松弛的运动。通过训练骨盆腔底的肌肉群，以达到强化此肌肉群之功效。由于膀胱、阴道、子宫等骨盆腔器官是由这群骨盆底肌肉群（提肛肌肉群）所支撑的，所以训练此肌肉群可以帮助预防及治疗因为提肛肌肉群松弛所引起的疾病，包括应力性尿失禁、过动性膀胱症候群（包括尿频、尿急、下腹疼痛、尿流量小、急迫性尿失禁等）、子宫脱垂、阴道松弛、大便失禁、性生活障碍等。

凯格尔提肛运动不只是产后女人必做的运动，还非常适合更年期女性，可帮助解决尿失禁的问题。

大家应该都听过凯格尔运动，也许也都知道该怎么做。但是，我相信绝大多数的人，并没有意识到这个运动有多大的功效！

漏尿，真难为情。 生完小孩后，很多产妇会发现，在打喷嚏、大笑甚至用力提重物时会有漏尿的情形，在生活上会觉得相当困窘与不便。凯格尔提肛运动的学名是"骨盆底肌肉运动"，是由凯格尔医师（Dr. Arnold Kegel）在1948年设计的，最初目的就是解决产后尿失禁的问题。

认识你的"骨盆底"。 在讲怎么做这个运动前，可能要先花一些时间来说明骨盆底（pelvic floor）的构造。大部分的骨盆被坚固的骨头环绕，只有"骨盆底"的部位，因为是人体很多通道包括肛门、阴道以及尿道的出口，因此这边没有骨头，而是由层层不同走向的肌

肉形成的。这些肌肉群，有的像"吊床"，两端紧系在旁边的骨头上，中间支撑着包括子宫、膀胱、直肠等脏器；有的像是"开关"，负责各个开口的闭合；还有的像是"缓冲器"，让骨盆底更加紧致有弹性。

因此，这些肌肉或许因着岁月的流逝，或许因着地心引力的作用，逐渐变得松弛、缺乏弹性。到了分娩时，一个直径十几厘米大的胎头，经历数个小时的挤压，对骨盆底所造成的伤害更是难以衡量。当骨盆底的肌肉结构受到破坏后，接踵而来的问题，包括大小便失禁、子宫或膀胱下垂、性功能障碍，可能造成一辈子的困扰。

骨盆底肌肉运动分两阶段。凯格尔医师将骨盆底肌肉运动设计得相当复杂，将其分成两个阶段——肌肉教育期和阻抗运动期，并且还要配合会阴压力计（perineometer）的测量。现今发达的医学，可以利用生理回馈（bio-feedback）以及电刺激（electric stimulation）方式，侦测出是否正确地收缩骨盆肌肉，把肌肉一块一块进行训练；还能追踪肌力，以了解治疗的成效。

怎样做凯格尔运动?

A. 最简单的动作就是：当坐在马桶上解尿时，尝试突然停止，这种突然停尿的练习，最容易让人感觉到"骨盆肌肉的收缩"。

注：在马桶上练习憋尿缩肛的动作可体会骨盆底肌肉的位置。

B. 练习凯格尔运动的首要步骤：正确感受到运动所引起的肌肉收缩。在完全放松的坐姿中，以两根指头深入阴道内，去感觉手指是否被夹紧和阴道壁是否有收缩。

C. 凯格尔运动第一阶段——自学运动

＊站立坐躺时用力夹紧臀部（缩肛），保持 5 秒钟，然后放松 5 秒。5~10 秒后重复收缩，每天做 45 次。

※ 用手摸腹部，如果腹部紧缩，那么就是运动方式错误。

※ 这种动作可在生活中随时随地练习，例如乘车、看电视时。

D. 凯格尔运动第二阶段——定时练习

※ 平躺，双膝弯曲，收缩臀部的肌肉向上提肛 10~15 秒，然后休息 10 秒。至少重复做 5 次。

※ 将两脚着地，臀部向上，同时收缩臀部向上提肛 10~15 秒，然后休息 10 秒。至少重复做 5 次。

对男人也有好处的凯格尔运动。英国《每日邮报》曾报导，原本专属产后女性的凯格尔运动，也有助于男性恢复性功能，而不必服用治疗阳痿的药物，那些药物可能导致头痛等副作用。国内医师表示，凯格尔运动可增加阴茎海绵体压力，有助于性功能的改善，但若是因为阴茎血流不足或心理因素引起的性功能障碍，则治疗效果不佳。

凯格尔运动有什么好处呢？

※ 促进阴道收缩，预防产后骨盆及阴道松弛。

※ 强化骨盆底部肌肉群，预防及治疗压力性尿失禁。

※ 增加阴道紧缩及弹性，增加夫妻之性福。

※ 提臀塑腹，美化曲线，减肥。

（摘录自：http://yannibob.slimel.com/?p=645）

坐月子学问大

坐月子的学问很多，有人甚至花大把银子到月子中心坐月子。

其实说穿了，坐月子就是要让妈妈好好休息，将因怀孕生产而受损的身体重整，并且补充足够的营养，把身体养好，也让妈妈和宝宝之间能亲密相处。

这个月对婴儿来说，是刚来到这个世界的时刻，需要适应人间的环境。食物，睡觉，安静，安全，温馨的母爱和父爱，都是婴儿此刻所必需的。

坐月子的文化，在华人的世界里显得特别重要，产妇借着生育的机会休息和调养。相对来说，西方国家就没有坐月子的文化。

我在美国大学就读时，那些美国同学生孩子后，有的虽有父母来做短时间的帮忙，但更多的是年轻夫妻自己应付一切。若是职业妇女，则生完孩子后很快就回到工作岗位上了。

我是很喜欢坐月子的人，虽然坐月子时不能外出，但整天和宝宝相处，又可以尽情地睡觉、听音乐，对身体的恢复无疑有很大的帮助。

1. 坐月子有规矩吗？

如果坐月子的规矩太多，会令人很难消受。例如，我有一位朋友是福州人，在坐月子期间，她的婆婆不允许她刷牙和洗头发。她告诉我，因为整个月不刷牙，所以吃什么都没味道，胃口很不好。而她那不识字的婆婆仍然坚持认为，坐月子期间不刷牙和不洗头发对女人的健康特别重要。

我是不信那样的说法的，我觉得清洁卫生是一个人健康的基础。

不过，生第二胎坐月子时，可以趁机将身体调好一点，做到月子期间不劳累，营养足够、休息充分，保持一个好心情，就足够了。

我在生老二时，因为不准备再生孩子了，就计划把月子坐好一点，让自己的余生都健健康康的，因此，我足足在家坐了两个月的月子。之后，我的身体的确一直很健康。

由此，如果没有人照顾你的月子，或你不喜欢长辈伺候你坐月子，也或者你喜欢月子中心的服务，也付得起那笔费用，那么到月子中心去坐月子也没什么不可以。

2. 轻松坐月子

我还有一位朋友，生孩子时她的婆婆已经很老了，妈妈又不在身边，她就广为邀请朋友们一起来帮她坐月子。有几个朋友报名了，我也是其中之一。当时我每个星期在她家附近教课，就趁机将在家里做好的月子食物，比如麻油酒鸡等带去给她。

朋友互助，其实是一种挺好的方式，那样的月子很温馨，可以和朋友相聚，还减轻了妈妈的负担及自己的经济负担，一举多得。

记住，月子期间一定要让自己保持轻松，心情愉快，以避免产后抑郁症上身。如果和长辈合不来，或接受不了长辈要求的坐月子方式，可以委婉地拒绝帮忙，或者让长辈知道你喜欢的月子模式。花些时间沟通是有必要的，但不保证长辈一定会接受，尤其是碰上固执且没什么文化的长辈时，如果你坚持自己的做法，可能会搞砸自己的心情。

避免产后抑郁症

产后抑郁症分成三种，包括产后情绪低落、产后沮丧和产后精神病。其中，前两者都和情绪相关，很难区分，例如过度焦虑、担心、失眠、严重睡眠不足等。

研究发现，产后抑郁症大都可自行调节并痊愈，不过需要家人给产妇多些帮忙和理解，千万别说什么"怎么会那样？我生孩子就没那样……"，这些话不但对当事人没有任何帮助，反而会增加她的压力。

如果坐月子时你忙不过来，需要人手帮忙，要大声说出来让家人知道，请家人伸出援手，要不然打电话给知己好友请求帮忙也行，**一定不要自己一个人承受所有的压力**。

产后抑郁症的原因归纳下来有五种，包括：

（1）生产后，荷尔蒙变化所带来的影响。

（2）生产过程很痛苦，因此太过害怕和惊恐。

（3）产后身体疲惫，或伤口太痛。

（4）有人以为坐月子就是婴儿睡觉，妈妈也跟着睡，其实不是。有些人能安睡，有些人则紧张婴儿会出什么状况，心理压力也因此加大。

（5）有些女人担心自己生孩子后身材会不好看，因而情绪低落。

其实，产后在身体复原时，就可以开始做运动，如有氧运动或瑜伽等，很快就会让身材恢复。妈妈在参加运动时，不妨带着老大一起，这样妈妈的情绪可以得到缓冲，而老大会因为妈妈在忙着照顾小婴儿时还将注意力放在他身上而开心。

前面已经说过，两个孩子的年纪差距不同，教养方式也会不一样。

当拥有两个孩子时，你的生活方式就会完全改变，这一点你必须要有完全的认知才好。你需要知道，不是你改变孩子，而是孩子改变了你。你得因着孩子的来临，而做弹性的改变。

以前搞定一个孩子就行，即便如此，两个大人针对一个小人儿都要手忙脚乱，现在拥有两个孩子，那可称得上是"天翻地覆"。此时，1+1不再等于2，变成了1+1=3甚至更多，你一定要做好心理准备。机动性一定要强，不要坚持非怎样不可。

例如，以前你会坚持非几点上床睡觉不可，现在有老二了，你得训练自己，只要一有时间，随时都可以入睡。就算时间只是10分钟，也不可放弃。

为什么会这样呢？因为每个孩子都不一样。老天爷好像怕当父母的人太闲，太缺乏挑战性，太没有创意，太不好玩，因此，老天爷给每个父母的礼物是，不论你生几个孩子，所有孩子的个性都不一样，习性自然也有差别。所以，父母不能把用在老大身上的那一套直接套用在老二身上。

不相信的话，你可以试试看，失灵的几率太高了。

换句话说，父母的灵活度非高八度不可。要像超人一样，无论孩子出什么招，父母都要能够接招，还要接得漂亮。

1. 有空就睡，没空也要睡

我有一位美国华裔朋友，四十来岁了才生老二，老大五岁了，老二一岁多，两个孩子的作息时间不同，她一个人带两个孩子，每天都因此严重睡眠不足。

因此，她把自己训练成随时都可以入睡。而她的美国丈夫虽然在耶鲁大学教书，却还是在家里分担了非常多的工作，包括照顾孩子，为孩子念书，做早餐给全家吃，洗碗盘，等等。

2. 洁癖者辛苦了

如果你是有洁癖的人，家里一定要一尘不染，还要井然有序，东西非归位不可……那么我劝你，最好降低你的洁癖程度，要不然，你只能像个奴隶一样，天天刷个不停，捡个不断，然后，就听到你哀嚎或抱怨这儿酸那儿痛。其实，这些忙碌和酸痛是可以避免的，如果你不是非坚持要那么整洁不可。

如果你不是有洁癖的人，那么恭喜你，你的压力顿时就减轻了。不过，若有亲戚朋友要来拜访，家里有两个宝宝，不乱也难。要花时间打理，又腾不出时间来，怎么办？不妨学学美国式的幽默，就在自己的家门口处贴上一张标语"我天天都打扫和整理屋子，每星期只有一天不打扫，今天刚好就是那一天。"

亲戚朋友们看到那样的标语，一定了然于胸，会为你的幽默会心一笑。如果有不识相的人来访，东批评西指责你家里太乱，下次你就要把这个人列为拒绝来访之客，"要见面，行，外面餐馆或咖啡厅见！那儿很干净舒适又不乱。"

如果那个访客是拒绝不了的亲人，不妨拿个手帕把他的眼睛蒙住。再不然，就偷偷掉包，把他的眼镜换成一副低度数的眼镜……啊哈！这是开玩笑的，请别认真才好。总之，我只是要说，有两个孩子，真的是让人手忙脚乱，无暇去管别人怎么说了，当然也不能去在乎别人怎么批评了。

因此，训练自己不在乎别人如何看待这一阶段的生活，是很重要的。假如有人说你蓬头垢面，那实在让人心里不舒服，但有时候也真的会有这样的情况发生，那又如何呢？

你们的中心工作，是打理两个孩子，是让两个孩子健康成长，有礼貌，有教养，而不仅是自己外表光鲜亮丽。

　　首先，机动性和灵活性，是在拥有两个孩子后一定要具备的。有了机动性和灵活性，你们就变成超人了。

　　其次是合作。有了两个孩子，又不想让世界大乱，靠的是合作。你们是团队，一定要充分合作，才能将有两个孩子的家打理得像样一点。要知道，你们是在同一条船上，是命运共同体，每一个人都有责任让船顺利地在海上行驶，尽管狂风暴雨，也不能让船沉下去。

　　合作靠的是沟通，两个人要充分沟通，把话说清楚。你需要对方做什么事？需要什么样的协助或支持？有了良好的沟通，再加上对家的共识，就可以让事情圆满解决。

　　怎么沟通才有效呢？听听：

　　"你瞎了吗？没看见我那么忙需要帮忙吗？你像老太爷一样，老坐在沙发不动。你以为你是谁啊！没教养！"

　　再听听：

　　"我知道你工作一整天很累了，可是，我也忙，整天带孩子很疲倦的。现在，孩子还需要……我需要你帮大宝洗澡，好让我可以歇息一下。大宝很高兴爸爸和他一起洗澡呢！"

　　你想听哪一种话呢？哪一种话，会让你想做事呢？

　　请务必记住，照顾两个孩子不是一个人搞得来的重大任务，绝对需要夫妻两人同心协力，一起来克服所有的困难和完成每一件小事，小到换尿布都可以一起来。

　　而且，我要请你认清楚，照顾孩子绝对不只是女人的事。只有女人，是生不出孩子的，孩子是两个人的爱情结晶。因此，身为丈夫的人，一定要放下传统大男人养尊处优的想法，学习做从来没做过的事情，包括下厨做羹汤。千万别说自己不会，去学着做吧。

　　相信我，这些你们一定做得到，你们一定可以合作得很好。

产后生活1、2、3

1. 性不性，有关系

生产后，最好是做过产后检查，得到医生许可后再开始有性生活。一般来说，大约在产后45天左右。我的美国医生在为我做产后检查时，还会敲一敲我的膝盖，以确定我是否可以有性生活了。

至今，我还是不明白，为什么他通过敲打我的膝盖，可以判断是不是可以有亲密关系了。

不过，了解这一层非常重要。经历生产、坐月子这两个重要阶段，女人不亚于经历生死搏斗，整个身体和情绪都经历了人生中最巨大的转变，她们的配偶若没有积极地参与这个漫长的过程，就可能百无聊赖，却急着开始正常的夫妻生活。

这时候女人必须以自己的身体为要，不要急于满足丈夫的生理需求。

如果医生说45天后才可以有亲密关系，那么女人就要坚定地拒绝丈夫不合理的要求。不过，态度坚定即可，语气不必强硬。

而若产后发生性关系时还是会痛，就需停止或延后。男人必须要了解这些生理过程和心理过程的转变，也要学会接受妻子在丈夫要行房时说"不"。身为现代男人，这是基本的常识，千万不能以"我的太太不能满足我，所以我就……"作为外遇的借口。那对女人来说，不只是残忍而已。

2. 润滑剂，润滑关系

产后在性交时，动作要缓慢，不可粗鲁。因为此阶段雌激素减少的缘故，阴道的润滑不如怀孕时期。同样的原因，若是喂哺婴儿母乳，阴道润滑程度也会较差，这也就是为什么喂哺母乳的妈妈会有自动避孕的效果。在没有实行计划生育政策前，很多人家的孩子年龄相隔是两岁左右，就是因为妈妈一般会喂哺孩子两年。

喂哺婴儿母乳对妈妈的其中一个好处，就是当婴儿在吸母乳时，促进妈妈的子宫收缩，加速复原。

在这段时期，夫妻之间要进行亲密关系，可以使用润滑剂做辅助，帮助提高性生活的满意度。使用保险套作为避孕的夫妻，保险套上本身有润滑剂，就解决了干燥的问题。

3. 产妇照顾与新生儿照顾，重要性并列第一

生一个孩子，究竟要休息多久才恰当？

我国对产假的规定，一般是 98 天，若是剖宫产，可以多休 15 天。

美国公信度最高的诊所之一——梅约医学中心在其网站上主张，婴儿和妈妈产后照顾是最重要的工作。妈妈的情绪和身体都要得到恰当的呵护。生产时荷尔蒙改变，若产妇情绪低落，也属正常。

梅约医学中心鼓励女人要有适当的产后照顾，包括充足的休息、饮食的调理，以及通过运动来让身体复原。

4. 传统的不一定就是最好的

心情的呵护非常重要。坐月子期间，产妇既要照料自己的身体，还要喂养和照顾孩子，是很辛苦的，情绪低落在所难免。

如果有人对你说："我以前生孩子连月子都没坐，就得又做这又做那，不像你这么好命，这么娇弱……"你应该让这样的话左耳进右耳出，当耳边的风吹过就算。

如果有长辈照顾你坐月子，那真是再好不过了。不过，有时候长辈自己过去的经验其实不是很好，但在她们没有自觉的情况下，很容易将那样的经验复制在你的身上。

例如，我的婆婆是一个非常能干的人，很会做菜，也很利落。我在生老大时她去照顾我。她的好意就是以她的思考和经验为主轴，她认为坐月子的食物一定要全酒烹饪，不只是全酒烹饪，麻油酒鸡做好后，起锅前还要再倒入一瓶米酒。她认为这样对我的身体排恶露最好。

问题是，我吃不下那样的食物。我对她说了，那些食物我吃不下，她仍然继续说服我。

一个星期后，因为我持续吃不下去那些食物，让我的婆婆深感挫折，于是她借口家里忙，赶紧逃回家了。我坐月子的事情，就改由我的父母接手。

而我的父母也是非常传统的人，他们每天都要给我做麻油酒鸡，不许我吃蔬菜和水果，说那些食物太冷了，对产妇不好。

这又是造成我吃不下东西的原因。很少甚至没有青菜水果的饭食，我食不下咽。

当然，这又引起我的父母的不快，尤其因为我是在我的父母家坐月子的，不是在我自己的家里，所以一切都掌握在父母手中，因此我的心情更为郁闷。

后来生老二时，我是在美国生产的，由孩子的爸爸为我坐月子，月子里的饮食完全以我喜欢的食材和烹饪方式为主。

那两个月的月子，我感觉好多了，心情也轻松多了。

5. 你说了算

一般来说，传统的月子食物是为哺乳设计的，蛋白质含量高，缺乏纤维素，这样的食物搭配容易引起便秘，造成女人坐月子时的痛楚。

坐月子期间若有便秘或排便不顺畅，在饮食方面就要多吃高纤维食物，包括水果、蔬菜、全谷物，还要多喝水。

不论谁对你说哪种坐月子方式或食物最好，我个人觉得还是要以你自己的需求为主。这不是谁说了算的事儿，当事人是你，对自己好一点，也是应该的，要不然落下个产后抑郁症，可就得不偿失了。

我相信，生了一场大病的人，不只营养要够、照顾要好，气氛和情绪也都至关重要。

怀孕和生孩子虽然不是生了什么病，但其照顾的原则和要求，与生大病没什么差别。因此，不仅怀孕期间要好好照顾，产后的护理也超级重要。月子坐得好，将来女人健健康康的，不必老跑妇科医院，那才是聪明的做法。

你可以把家布置得舒服一点，色调和气氛都做成自己喜欢的，调整好和家人的关系，多听美妙的音乐，你会有一个最舒服的月子。

虽然我很爱阅读，但，我想提醒你，坐月子时不要阅读。我生了两个孩子，都忍不住在月子期间读书，结果每生一个孩子，我的近视度数就增加 100 度。生了两个孩子，近视总共度数增加了 200 度。

如果你极爱阅读，不妨找有声书来听，可以弥补月子期间的无聊。

④

二宝驾到，爸妈接招

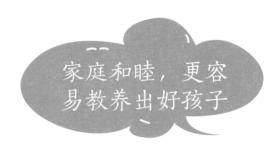

家庭和睦，更容易教养出好孩子

家事，在美国是夫妻之间继金钱外的第二件大事，相信吗？

有的男人认为太太是全职主妇，每天只需要照顾孩子，"她整天在家，当然应该完成绝大部分的家务。而我，外出工作了一整天，已疲惫不堪，回到家，就应该有舒舒服服的环境让我休息、吃饭、娱乐。"

为什么有的男人会那么想呢？可能他们以为，太太在家整天无所事事，像是在度假，所以，有很多时间可以将一个家的所有家事都一手包办。他们不知道照顾孩子的工作量，甚至超过做两份的全职工作。

1. 孩子的魅力无可抵挡

生命，不能用金钱来衡量，生命是无法被计算的。孩子是老天爷赏赐的礼物，既然是礼物，我们当然要好好地珍惜、爱护，要用心把孩子教育好，让孩子成为一个有教养的人。

我在自己亲自照顾两个孩子的情况下，偶尔也会疲倦，但只要孩子跟我说一句"妈妈，我好爱你"，或"妈妈，你是全天下最棒的妈妈"，我立刻精神抖擞，疲劳一扫而空，真觉得自己是全天下最棒的人。

你看，孩子的魅力，还真无法挡。

有时候，老大去上学了，我让老二自己用录音机听故事，而我则为报社写稿。在写稿时，孩子有时就悄悄来到我的背后，为我按摩，

边按摩还边说妈妈写稿很辛苦，要帮妈妈按摩肩膀，让妈妈放松，这样妈妈就可以写更多稿子。

没人教孩子这么做，但孩子的纯真来自天性，没有受到社会的污染，浑然天成。

因此，即便有两个孩子会让父母忙得团团转，经济支出也较大，但收到的回馈却是无法估量的。我讲的回馈，不是传统的"养儿防老"，而是**在教养过程中，所得到的喜悦和欢笑，会取代泪水和汗水，不是金钱可以换来的**。

2. 有孩子，不敢老

在养育两个孩子的过程中，父母要负起责任，在心理上还不敢老。既然不敢老，就会往前冲，生命也因而精彩。尤其作为现代的父母，随时需要上上关于教养的课、成长的课，让自己焕然一新的课，而这些都是无形的收获。

更多时刻，因为孩子是属于不同时代的人，也让父母的心理和头脑都更年轻一些。随着孩子日渐成长，以前爸爸妈妈是孩子学习的对象，后来变成父母向孩子学习。例如，我在美国上成人高中时，需要考科学，但我学生时代物理、化学没学好，我的女儿就变成我的家教，用一个寒假时间帮妈妈恶补科学课程，让我得以考过美国成人高中，顺利拿到高中文凭——对我来说，那可是非同小可的大事啊！

还有，有时候我的计算机出问题了，也是央求我的孩子帮忙修理。孩子只消动几下鼠标或键盘，问题就解决了。

谁能料得着生命是这个样呢？父母以为自己在付出，付出的同时虽然不求回馈，但收获却是源源不绝。

父母要通力合作，一定要充分沟通。千万不能假设你的配偶一定

知道你在想什么，不必说话就能得到你要的帮助。

假设对方知道自己的意思，这是不恰当的期待，而且这样的假设，很容易为彼此带来更多的冲突和不愉快。你需要对方帮什么忙，或者要对方做什么，甚至希望对方如何对待你，一定要说，要沟通，要把自己想的要的都完整表达出来。

现在是 21 世纪了，做事情要讲效率，**与其让对方猜你的心，不如自己在表达上做得更完善**。缺乏沟通的话不但效率差，还容易引起矛盾，何苦来哉？

当然，如果家里有两个孩子，在心态上必须先调整，必须以家为重，个人为轻，凡事以两个孩子的需求为优先。这个意思不是要宠溺孩子，而是说父母是孩子的领导人，是孩子的榜样，是孩子学习的对象。而且，父母是在同一条船上，是命运共同体，需要同舟共济。如何让这艘船开得稳当，舵手是关键。如何掌舵，不能只以个人的喜好为主，也不能率性而为，要不然，翻船也不意外。

3. 女人的工作，永远做不完

有句美国谚语说得很传神："女人的工作，永远做不完。"

如果认为家事都是女人的事，孩子也是女人的事，家人肚子饿了，还是女人的事。那么如果没有女人，一个家就全垮了。

在美国，有愈来愈多成熟的人，在踏入婚姻之前，两人会针对家务事的分工做讨论。如果男人不愿意将家事当成是一个家的责任，只想和一个女人结婚，误以为对方就会承担所有的家事，那么即便感情再好，婚姻成功的几率也一定会降低。

4. 公平分担才幸福

美国的三所知名大学,密苏里大学（University of Missouri）、杨百翰大学（Brigham Young University）、犹他州立大学（Utah State University）的研究员,研究夫妻婚姻状态与分担家事方面的关系时发现,**共同分担家务越公平的夫妻,婚姻状态也越好。**

做不做家务事,影响到婚姻的关系和质量。因为家务事是每天的事情,不做的话,生活就会乱成一团。

相信我,没有人喜爱做家事,不论是男人还是女人。至少,我很清楚,我就是不喜欢做家事的人。但是,做家事却是生活的大事,不能不做。既然不能不做,那就变成对家的责任感了。

美国心理学家和婚姻辅导专家苏珊·海特勒博士（Dr. Susan Heitler）辅导了不少对夫妻。关于家务,她在一篇"50/50：如何和你的配偶分担家事"（50/50：How to Share the Household Chores With Your Spouse）文章中就主张,家务事是夫妻双方对家的共同责任,不仅仅是女人一方的责任而已。

尤其在有两个孩子的情况下,若太太是职业妇女,那么"蜡烛两头烧"是常有的事,如果她们的丈夫拒绝分担家务,情况就更加糟糕。

5. 把家务变成 Project（项目,工程）

海特勒博士在这篇家务分担的文章中建议:

将所有的固定家务列成一张清单,然后将固定家务归为一类一类的,就像在工作场所里,公司要划分部门一样,如营养部、洗衣部、采购食物部、清洁厨房部、烹饪部、早餐部、家庭清洁部……

部门分开后,夫妻可以优先挑选自己喜爱做的家务事,再将双方都讨厌做的家事进行沟通,商量该如何处理。

花钱请人来做，不仅增加了别人的就业机会，让需要工作的人有收入，而且又降低了自己做家事的压力，对大家都有好处。我有时候就会那样做，聘请很会做家事的人来我家帮忙做清洁工作，而我可以将时间花在演讲和写书及教学上，这是两全其美的做法。

当然，以一个家庭来说，有时候家务分工很难做到完全公平，也可以谁有空谁去做，我个人觉得这样更加合理。当然了，这样做的前提是，夫妻都要具备相当的自觉性，如果碰上懒散不自觉的另一半，那么还是按规定来比较好，不容易引起争执。

6. 为家庭经济制定合理的计划

除非你们是非常高收入的家庭，否则你会发现，有两个孩子的家，开支是源源不断的，而有些费用是当初或以前不曾预想到的。

因此，夫妻两人坐下来讨论经济该如何规划，把收入和支出都写下来，讨论钱该怎么用到刀刃上，才符合小家庭的经济原则。

年轻夫妻在经济上捉襟见肘是很平常的事儿，但年轻夫妻的本钱也最雄厚，因为年轻，因为乐观，因为希望。

家庭经济的来源与对应的支出分担方式：

一份收入，所得全部归公。

在我父母的时代，我妈妈是家庭主妇，她从来没有自己的收入，而我的爸爸是家中唯一的收入提供者，因此我爸爸所赚得的每一块钱都要交公。

我的爸爸妈妈讨论哪些开支要怎么花费，包括参加人家的结婚典礼要包多少礼金，生活上的细枝末节，都会听到他们的讨论。而我的爸爸虽然挣着家中唯一的一份工资，但他需要零用钱或个人消费时，也得向我妈妈领取。我们小孩需要用钱，包括缴学费、买文具用品、校外远足或旅行，也都得向我妈妈申请。

我的爸爸妈妈从来没有为金钱如何使用而争吵，但却常为金钱不足而担忧。能不争吵的原因是，彼此都充分相信对方用钱不为私。我的爸爸从来没有因为自己是家中唯一的收入者而骄傲，或者大声大气地说话。

我的爸爸愿意将他辛苦工作的所得全部归公，是因为他认为家庭就应该是一体的，而且他认为我的妈妈健康状况欠佳，不上班对身体更好，而实际上，家中也有许多事情要做，并不是闲着睡大觉的。

若是夫妻只有一份收入，而其中一方要留在家里照顾两个孩子，则家中经济的计划就得依照我的父母的模式，以信任对方为基础。

例如，我的一对美国夫妻朋友，丈夫拥有双学士学位，太太则有硕士学位。太太是爱工作不爱照顾孩子的人，而丈夫非常喜欢亲自教养和照顾孩子及烹饪等。于是他们夫妻协商，由太太负责工作，赚取全家的收入和支出，丈夫则留在家里照料两个孩子，并且负责全家的烹饪工作。

多年下来，这对夫妻合作得很愉快，两个孩子在爸爸的亲自教养下聪明又健康，而太太也在职场上如鱼得水。

两个孩子陆续上小学后，不需要爸爸全职照顾了，这位爸爸就找到一份在高中教书的工作。九年的家庭主夫生活历练，对他在教学上帮助很大，他和学生们更接近，更能体会学生们的需求及彼此的差异。

像这对夫妻一样情况的，我在美国遇到过不少。他们认为男人喜欢在家照顾孩子，让爱事业的太太去上班赚取全家所需，没什么不好。

两份收入，共享。

在美国，也有夫妻将两人的收入全部放在一起，在银行开夫妻联名的共同账户，信用卡也是联名，连退休基金都是联名账户。所谓的联名账户，就表示夫妻任何一方，都可以到银行提出账户内的金钱，也都可以刷信用卡买东西，甚至如果需要的话，还可以向退休基金借钱出来使用。

通常，有这样做法和共识的夫妻是一踏入婚姻，就准备要白头偕老的。因此，不论双方的收入多寡，都以共享为原则。

不过，也有夫妻在结婚时会签一份协议，同意对方可以单方面终止自己使用联名账户内的钱的权利。像这种情况，在婚姻出问题时，被终止的那一方可能就要哀叹自己赚的钱却无权使用的下场。

以收入比例决定支出比例。

夫妻的收入如果高低差异比较悬殊，该如何做才公平呢？

美国有些夫妻会根据收入的比例来交家用，例如家庭月支出3000元，你太太月收入是2000元，你的收入是4000元，那么按照收入比例，你太太和你分别需要拿出1000元和2000元来支付家用。

这样做的好处是，两个人不论赚得多或少，都可以有自己的私房钱，可以用在自己的需求上。赚得多的人就多付一点，赚得少的人就少付一点，是另一种公平，家庭的生活质量也不会因此而下降。

我的朋友贝蒂和丹尼斯就是采用类似方法的人。他们的婚姻如鱼得水，又都拥有自己的钱可以做自己想做的事情。

这个方式也有其缺点，若碰到赚得比较多的一方是斤斤计较的人，可能会认为自己付出太多，而觉得不太舒服。

但是在婚姻里，尤其是有两个孩子的家庭，想要既享有好的生活质量，又有个人经济的自由，这不失为一种比较好的做法。

表象公平，各出一半。

还有一种夫妻是所有的家用开支都平均分担，不论赚钱多寡，即

所谓 AA 制。

这个方式的好处是表面看起来很公平，但万一你失业了，没有收入了，怎么办？还有，如果另一半拥有比你多的私房钱，当然他（她）就可以享受更多的休闲生活，例如度假旅行，而你却因存不够钱，不能与他（她）同行，这样感觉好像怪怪的。说得更贴切一点，有点像是室友的关系。我想，在这种情况下，夫妻两人很容易产生距离。

何况，有两个孩子的家庭，总希望度假旅行是全家一起去的，除非工作上假期不能配合。再说，如果金钱是五五分，那么，是不是连做家务都得算工资，才能取得平衡（也就是做得少的一方要付钱给做得多的一方）？但实际上，夫妻有两个孩子，有许多事情都需要一起合作，没办法算得那么清楚。

在人生中，很多事情讲究平等，但表象上的平等不是真的平等，好比夫妻一起到餐馆用餐，是不是两人一定要平均分摊账单，或者吃比较多的人就要出比较多的钱呢？如果是这样，在家洗澡时间比较长，用水量比较多，用电量也比较多的人，照理就得多付账单啰？这样斤斤计较的家庭，日子是没有办法过下去的。

有时候，那份内心深处的诚意，盖过任何表象的平等。

7. 有两个孩子的家庭如何拿捏家中经济支出

年轻夫妻的收入可多可少，有时候这样的差异来自个人的努力，但有时候也是运气所致，甚至是大时代的影响。

不论收入多寡，在家庭支出上都必须算清楚，不能随便了事。

因此，我想运用我在美国上英文课时，我的老师在课堂上教我们的处理关键事情的方法：

你必须要什么（What do you need）？ = 非付不可。

在人生中，一定要了解什么事情对自己、对家庭是最重要的，是非办不可的，将其列为优先处理。这部分处理好了，就可以设立第二优先、第三优先……这样家庭的经济不会乱成一团，也不至于需要用钱时却得到处向人借钱。

首先，有两个孩子的家庭，夫妻需要一起讨论，什么费用是这个家第一优先要支付的费用。第一优先的意思，说穿了，就是不支付这个账单，就活不下去。

既然有了孩子，买奶粉的钱是一定要的，除非你们喂母乳。但母乳够不够孩子吃，也是问题。如果母乳不够了，还是需要买奶粉补充。

不过，奶粉的价钱有昂贵有便宜，是否需要花钱买最昂贵的奶粉，就需要考虑了。而最昂贵的奶粉，是不是一定是质量最好的奶粉，也很难说。例如，我当年养两个孩子时，就有一点不太聪明，又太崇洋（虽然我不愿意承认），片面地认为外国进口的奶粉质量最好，所以我的两个孩子除了吃母乳，还吃美国原装进口的一种奶粉。

当时，这种奶粉的价钱很昂贵，是我可以买到的所有奶粉中最贵的一种。我当时信奉"最贵的就是最好的"，因此，全家节衣缩食，只为了给孩子买最好的奶粉。在那个时候，这种奶粉还很不普遍，进口量比较少，我们几乎是要穿梭在大街小巷以寻找可以买到的店家，一旦找到，我们可不是一罐罐地买，而是整箱地买。

现在回想我当年的疯狂行径，实在太可笑了。我现在懂得，其实没有必要这么小题大做。

我当时很愚昧，奶粉要最好的，尿布也是用最好的，几乎孩子使用的任何东西都要我能买到的最好的。现在，我的想法是——当时怎么那么笨！套一句当年我妈妈说的话，人家我妹妹的孩子吃国产的奶粉，长得还胖胖的，多可爱；我家的孩子不光不胖（不符合长辈对胖嘟嘟的小宝宝的喜爱），还瘦瘦的，显然和花出去的钱不能画等号——这虽然只是长辈的价值观，但也说明我那种观念是不可取的。

因此，将家中每个月需要支出的费用罗列成一张单子，如水电费、房屋贷款或房租、奶粉钱、纸尿裤或尿布钱、食物支出……这些都是必须支出的费用，要标注"第一优先"，并将收入的部分，对这些做优先处理。

什么是"非付不可"？不缴水电煤气费，就会被断电断水断炊；不付房屋贷款，房子就会被银行没收；不付房租，就会被房东赶出去，全家就没地方住，变成无家可归……

若对"非付不可"还有疑虑，可以把"不付也可"的部分删除，就很清楚什么是"非付不可"了。

人生中有许多时候，只要注意到"非付不可"，你的人生就会减少很多的麻烦。因为"非付不可"不看你要不要，也不管你喜不喜欢，和你个人的意愿和喜好无关。换句话说，"非付不可"就是责任。

你想要什么（What do you want）？ = 不付也可。

支付了第一优先的"非付不可"后，就要面对人性了，这部分是"不付也可"。人会有许多欲望，例如我要买房子，但我不一定非买房子不可，我也可以租房子；我要买豪车，但我也可以不买这么好的车，买其他车也能开，再不然搭公交车或骑脚踏车也没什么不行。

人的欲望，有时候是无止境的。欲望愈大，人生的难题通常也水涨船高。但人就是人，有时候在能力允许之下，满足自己的欲望也没什么不行，而且，有时候欲望大，还会督促自己更上一层楼，更努力提升自己，找更高收入的工作。

你或你的家人要什么，不要什么，也可以列出一张清单来，例如：

爸爸要买一台计算机

妈妈要买一台洗衣机

大宝要买一个单人床

小宝要买一台收录音机

……

你喜欢什么（What do you like）？ = 更高需求。

人的生命，一如金字塔。金字塔的最底层，就是生命的基本必需，如阳光、空气、水、食物、电、房屋……当最底层的需求满足了，人就逐渐地往上提升。一层一层地往上，最后来到心灵的境界。

人是不可能倒着金字塔来的，不能舍弃基本需求而往上跳空，那是舍本逐末，会搞得自己的人生一团糟。

在满足了基本需求的"非付不可"和稍高层次的"不付也可"后，接下来就是更高层次的需求了，那属于个人兴趣喜好的范围。

以有两个孩子的家庭来说，一定是以家的需求为优先，把个人的喜好垫底。同样，家人的喜好也是在满足了上述两项后才能被评估的。

现在，问问自己和家人，你喜欢什么？不喜欢什么？

例如：

爸爸喜欢去看球赛（当然要买门票，要花钱）

妈妈喜欢去听歌剧（当然也要买门票，也要花钱）

大宝喜欢去参加明星的演唱会（喔？票价不低呢！）

小宝喜欢去吃大餐 （既然是大餐，价钱也不便宜）

喜欢的活动或事务不一定非花钱不可，只讲需要花钱的部分。

搞定家中的经济，一家人才可以其乐融融，因为没有太多经济压力之后，就可以有更大的伸展空间。

经济负担若太沉重，则夫妻更要密切合作，共体时艰，抛弃各人

喜好和成见，全力为这个家，为两个孩子、两个大人的生存和提高生活质量一起努力。

我相信，天下没有解决不了的难题。有道是"夫妻同心，泥土变黄金"，只要双方愿意携手，那么两个孩子的笑容，一定会让你们忘记所有的疲惫与辛劳。

8. 父母教养须同步

说到教养，最危险的就是父母的管教不一致，而教养要一致却也是最困难的。父母是人，而人对于规定很难做到始终如一，常会受到情绪或当时的状况影响，而放弃坚持。尤其是当爷爷奶奶与父母的教养不一致时，这中间又会夹杂着辈分关系和感情，情况就更复杂了。

教养不一致时，就像多头马车，有的马要往右方，也有马要往左方，结果会怎样？力量互相抵消，马车举步维艰。

而若父母在教养上对立，情况和多头马车相似，都会让孩子无所适从。孩子不知道该听爸爸的还是妈妈的。有的孩子还会利用大人的矛盾，躲过被教育。

① 教养不一致的后遗症。

教养一致，对孩子的行为是有利的。但很多家庭会因一时情急或父母疲累，而缴械投降。管教不易，就在于长期保持一致性不容易，很容易半途而废。父母必须长期坚持，才会给孩子养成恒定的价值观。

教养不一致所产生的后遗症很多，包括孩子不知道该听谁的，孩子不知道究竟怎么样才是对的，等等。孩子的思考和判断都模糊了，不知该何去何从。

教养一致，尤其要赏罚分明。孩子做错了要罚，做好了要赏。有赏有罚，孩子才会觉得公平。关于罚，美国的父母处罚孩子以剥夺孩子的权利为主，如剥夺周末晚上和同学一起外出的权利。而赏呢？可以给孩子喜欢的玩具，也可以给他想要的合理的权利。

另外，以零用钱来说，美国的孩子要拥有零用钱，一定要做事。为自己的家做事有钱赚，为邻居割草坪、送报纸也有工资挣。但整理自己的房间不在这个范围内，因为那是每个家庭成员应尽的责任。

美国父母通过分配孩子做家事，来建立孩子的金钱观，同时养成工作道德，告诉孩子"天下没有不劳而获的东西"。这样，孩子会习惯于存钱去买自己需要的东西，或者和同学外出时花自己挣来的钱，和朋友一起享受欢乐时光。

2 你知道 2+2 = 4 吗？

美国的儿童行为专家詹姆斯·雷曼（James Lehman， MSW）的观点是，这就像孩子刚学数学，知道了 2 + 2 = 4，孩子因为是初学，所以必须不断练习和重复，最后将"2 + 2 = 4"深刻印在脑子里。如果哪天有人告诉他 2 + 2 不等于 4，那么孩子不但脑子会糊涂，甚至可能变得紧张和焦虑。

雷曼认为，父母在"教养一致"上就像教孩子学数学一样，孩子还小，必须要不断地练习和重复，这样孩子就能预测，2 + 2 就是等于 4。这个预测，就像是爸爸妈妈规定，"晚上 8 点要上床睡觉"，"放学回家要马上做功课"，"房间要整理干净"，"门禁是晚上七点半，超过七点半才回家，就是违反规定的行为"如此等等。

既然爸爸妈妈规定"放学回家要马上做功课"，那么，孩子就能预测，如果放学回家没有马上做功课，却跑出去和同学玩，这样后果会是怎样？那当然是处罚了。而处罚的罚则是什么？一定要提前规定清楚，让孩子可以预测到后果。这个后果就会成为一种动力，驱使人在规定时间内完成该完成的事情，同时建立责任感和行为规范。

雷曼在父母"教养一致"上归纳了几个方向，很值得父母们参考。

③ 行为、后果及有效的教养。

孩子从小就要学习到预测的能力，知道某种行为一定会得到某种固定的结果。例如，我如果没有做功课，我的爸爸妈妈会有怎样的行动？如果我上学迟到，我爸爸妈妈的反应会是什么？提前知道后果，孩子在行动前就会再三思考。雷曼强调，如果你有一天没有把房间清理干净，你的妈妈处罚了你；另外一天你同样没有清理房间，家里乱七八糟的，但因为家里有客人要来，妈妈着急上火，就帮你整理了房间；而两天后，妈妈再度为你的房间杂乱而大吼大叫。这样的教养就是不一致的，因此孩子无法预测后果。而预测后果就如同孩子反复学习 $2 + 2 = 4$ 一样重要。

④ 教养不一致，父母就失去了在孩子心目中的权威。

一旦当妈妈大吼大叫时，孩子才去整理房间，那么孩子就会养成习惯，若妈妈没有大吼大叫，就不整理自己的房间了。另外，当孩子无法预测父母对于她所做的事情会做出什么样的反应时，内心里就开始焦虑和混乱了。最终，孩子的行为会有两极出现，要么是侵略性强和对他人具有敌意，要么就是消极和顺从。这样将来孩子长大了，也会用错误的行为去解决问题。

⑤ 停止和孩子争执。

有时候父母因为不能教养一致，导致孩子的行为乖张。例如，在纠正孩子的行为时，父母坚持了几天或一星期，没有看到成效出来，就放弃了。而雷曼认为，要将孩子错误的行为规范变成习惯，需要的是长时间的奋斗。而父母当然也不必责备自己是失职的父母，或者干脆去责备孩子，坚持一致性才是父母必须要持续做下去的。在孩子

22 岁之前，脑部尚未成熟，所做的决定有可能和 16 岁时一样。雷曼认为，30 岁的人思考，就和 22 岁的人有很大的不同。30 岁的人会为自己的将来做准备，会去想怎么发展自己。

⑥ 父母要冷静。

要让教养一致，父母在设立规则时，就要将规则简单化，具体而可执行，不能高不可攀。如果连大人都做不到，又如何要求孩子完成呢？因此，父母要将规则写下来，可以贴在孩子和父母都能轻易看见的地方，例如在客厅做一个告示板。请记住，规则要简单明了。例如：

A.　几点该上床睡觉

B.　何时该写功课

C.　成绩要维持在什么水平

D.　奖励是什么

E.　惩罚是什么

我曾经在美国的童子军做义工数年，看到童子军的那些带领人都是长期遵从童子军纪律长大的人，他们对童子军的规则非常了解。当那些带领人在带领小童子军时，一定会大声地念童子军的规则给小朋友们听，有时候还天天念。父母也一样，自己写下了规则，也要像孩子背诵九九表一样，要常常练习和重复，才能有效地坚持下来。

在制定新规则时，如果孩子年龄大一点了，不妨和孩子一起坐下来讨论，为什么要这样制定规则？让孩子明了前因后果是很重要的。

⑦ 好的行为是解决问题的技巧。

雷曼认为父母在订下规则时一定要自问：我订的规则合理可行吗？我对孩子的期待是否恰当？例如，父母规定 5 岁的孩子晚上 7 点要上床睡觉是很好的，但若孩子 13 岁了，又怎么可能做到呢？所以，父母在订下规则时要深入思考，依据孩子的年龄而调整。雷曼认为教

养一致的好处是让孩子牢记并恪守那些规则，建立恒定的价值观，并且提醒自己，以简单取代复杂化，让孩子的行为有个准绳。

原则，其实就是教养一致的最高方针。在教养孩子之前，为人父母者要先取得对事情的共识。如果碰到的教养问题是以前没想过的，不妨慢慢来，充分沟通后，再一起对孩子解释清楚。

9. 夫妻同心，其利断金

有一对夫妻结婚之后，有了两个孩子，就希望有自己的大房子。这对夫妻中，太太的爸爸是建筑商，经济条件比较好，而小夫妻两人因为要养育两个孩子，觉得经济很拮据，买不起大的房子，这位太太就回娘家问爸爸是否可以送给他们夫妻一套房子。

她的爸爸是很重男轻女的人，他说："即使你跪下来求我，我也不会给你一片瓦。你又不是儿子，什么都甭想！我的财产只给儿子。"

那位爸爸不知道自己伤女儿伤得很深。而女儿离开娘家，带着一颗绝望的心，一路回想着自己成长过程中，父亲是如何对待她兄弟的。

回到家后，她对丈夫说了爸爸的绝情言语。试想爸爸不帮忙也就算了，还说那么难听的话，谁受得了？

不过，这对夫妻冷静下来后的想法是：我们没有退路，也没有靠山，我们只有靠我们自己。

就这样，这对夫妻辛苦计算每一分钱，养育两个孩子长大。同时，夫妻一起沟通的机会更多了，他们商议着要闯出自己的一条路来。

后来，他们节衣缩食，用很少的存款创业。多年后，他们的小公司变成了大公司，后来更变成上市公司。现在的这对夫妻，比起太太的娘家有钱太多了。

想当初爸爸的冷漠和严酷，居然为这对夫妻创造了同心的机会，可谓是"歪打正着"。

在有两个孩子时，父母在某些方面有时候会累得像辛苦劳作的牛一样，但同时，孩子的笑声让父母觉得，再怎么辛苦都值了。

10. 别忘了自己

一旦有了两个孩子，那么忙碌就是生活的常态。除了孩子，别忘了还有你自己，你和你的配偶仍然应该拥有自己的亲密生活，和一些私人空间。

有道是"树头站得稳，不怕树尾刮台风"，这句话的意思是，自己就是一棵树的树头，如果自己的脚步站稳了，价值观等思想观念都很成熟，那么无论发生什么事情，都可以按部就班地面对和解决。

如果一对夫妻的焦点只是孩子，没有自己，没有配偶，那么这个家庭的路将会走得摇摇摆摆，动荡不安。

保留私人的生活还是很重要的，在教养孩子的过程中，要偶尔和伴侣约会一下。你或许会说，谈何容易？谁来照顾孩子？

我曾在美国东部一个人开车旅行了六个月。在康涅狄格州我的接待家庭里的夫妇二人，因一对五岁和一岁多的孩子而整天忙碌。我对他们说，我要送他们的礼物是，帮他们照顾孩子一个晚上，让他们夫妻到外面约会去。

结果，那对夫妇就到餐馆享用了一顿烛光晚餐，又到书店看书、喝咖啡。他们回到家时，已经是晚上11点了。两人手牵手，笑意盈盈，说他们开心极了。

当然，那个晚上我可累惨了。还在吃母乳的小娃娃，找不到妈妈的味道，哭了一整晚。而大一点的姐姐，又要我陪着她玩，还要我读故事书给她听。对我来说，那是长夜。但对这对朋友，却是难得轻松的一夜，夫妻感情更深了一层。

偶尔的，可以花钱请保姆或长辈帮忙照顾孩子几个小时，让小两口有时间到外面喘喘气，喝茶吃饭看电影都可以，以缓解因长期照顾孩子而紧张和疲惫的心情。

11. 夫妻分房还是夫妻吗?

最近我认识了一个女人,她对我抱怨,他们夫妻很长时间都没有夫妻生活了。从老二出生后,夫妻就分房睡。爸爸和儿子睡觉,妈妈和女儿一起入眠。他们的一双子女分别是小学二年级和五年级。

可想而知,这样的婚姻怎么能不相看两讨厌呢?

几年前我在美国亚特兰大一个天津人的家里,也看到同样的情况。那对六十几岁的夫妻,晚上和六岁的孙子一起睡觉,孙子还睡在爷爷奶奶两人的中间,硬是将这对夫妻分开。

我问那对夫妻,他们的夫妻生活呢?

答案是"没有",他们的生活都以孙子为主。那对夫妻才六十几岁,从天津到美国照顾孙子,却连夫妻的亲密关系都没有了,这实在太不可思议了。

夫妻之间的生活是那么重要,二十出头也好,七老八十也罢,夫妻就是夫妻,除非感情欠佳,否则怎么可以没了夫妻间的亲密呢?

即便两个孩子让你们异常忙碌,还是要学习平衡,要让夫妻之间的私人亲密继续不断。亲密关系不但让两人心连心,还是排解疲累的好方法,对健康帮助很大呢!

美国的夫妻是很少和孩子一起睡觉的。孩子从医院抱回到家里,大多是睡自己的婴儿房,而父母会在父母房间安装一套可以看到婴儿房里孩子状况的视频设备,这样即便父母和孩子不在同一个房间,孩子的一举一动父母也能随时掌握。

孩子太小的时候,睡在自己的婴儿床里,通常婴儿床就放在父母的床边,那是为了就近方便照顾。

我问过不少我的美国朋友,他们曾经和自己的父母一起睡同一张床上吗?至今我还没遇过一个美国朋友说有那样的经验。"我都是睡

在自己的房间。我的父母是睡在他们的房间。若我要找爸爸妈妈，还得敲敲门，问他们我是否可以进去他们的房间。"

你看，有孩子，不等于就一定要牺牲夫妻的甜蜜生活。亲密关系也是让两情相悦，让感情持续加温的媒介。成熟的父母在帮助孩子成长的同时，也会帮助自己成长为更成熟的人。

做优秀的父母

父母对孩子，除了照顾，还要指导孩子发展成为最好的人。教养，需要你成为负责任的父母，这是成熟父母的标志。

孩子小，没有能力照顾自己，所以老天爷就安排了父母的角色，让父母来照顾和教养孩子。在教养的过程中，当然不能对孩子大吼大叫，或者情绪不好时就打孩子出气，还说"我是为你好"。成熟的父母即使在生气或情绪低落时，也不会简单粗暴地处罚孩子。

教养两个孩子不那么容易。如何教养两个孩子，一直都在考验着父母的智慧及体力，而且不同年龄段的孩子，教养的方式也不一样。

这是父母学习合作的最佳时刻，而家也是父母训练团队合作的理想场所。当父母的人，千万别把自己置身事外，误以为那只是对方的事情，和自己无关。我们国家的传统中，有很多当父亲的人，会把照顾和教育子女的责任都推给孩子的母亲，或者把孩子交给老人来带，这都是非常不好的，不利于孩子的成长。

教养没有重来一次的机会。

如果以为教养孩子和自己无关，或者等待孩子"树大自然直"，那将是你人生莫大的损失，将来你一定会因此后悔。可惜，到那时已经永远没有机会弥补了。孩子的成长无法等待，无法重来。因此，请你们一定要把握这千载难逢的机会。

1. 别把孩子"扔"给老人

你们是孩子的父母，因此，教养的主权在你们，责任当然也在你们。很多人向往权利，但是，他们不知道，权利和责任是相伴而生的。要享受权利，就要承担责任，缺一不可。

教养（Parenting）一词，从英文单词来看，是父母（Parent）这个词衍生而来的。换句话说，教养的工作，在于父母，不在其他人。若有其他人在其中，那是帮忙和支持，不是教养孩子的主体。

教养，顾名思义，应该有"教"有"养"，谁该来"教"，谁该来"养"呢？不用说，当然是父母了。因为孩子是父母生的，理所当然应该由父母来负责教养的重大责任。

① 不要把孩子"寄"回国或者"发送"回老家。

在美国读书的 10 年期间，我认识了一些来自祖国的朋友。其中有些人会在生了孩子并把月子坐完后，就把孩子托付给旅行社，由他们出婴儿和一个陌生人的机票费用，让陌生人帮他们将婴儿送回国内，交给父母来照顾。

我问那些朋友为什么要那样做，得到的答案是"方便"，并且由爷爷奶奶和外公外婆帮忙照顾孩子是免费的，既放心又省钱。年轻人在美国可以全力工作赚钱，可以很快地存到钱，巩固自己的事业，买到好的汽车、大的房子……另一个原因则是把孩子送回家乡，孩子更容易学好中文，这样等他们长大后，能很好地掌握两种语言，给他们将来的人生带来更大的空间和更多的可能。

等孩子长到四岁左右时，这些朋友又通过别人或自己回国将孩子带到美国。他们告诉我，因为四岁的孩子可以进入美国的幼儿园就读，而美国的幼儿园是免费提供给所有满四岁的孩子接受教育的。

② 爸爸妈妈变成陌生人。

一个和我交情很好的朋友，她和丈夫生了两个孩子，第一个孩子送回家乡给爷爷奶奶照顾，好不容易熬到孩子四岁了，才接到美国与爸爸妈妈同住。

刚到美国时，孩子对爸爸妈妈，不敢亲近。她的心，她的感情，她的记忆，全部都围绕着留在中国的爷爷奶奶。而爸爸妈妈从她出生后就没怎么相处，相当于是不折不扣的陌生人。

后来我有机会当这个孩子暑期的保姆，和她熟悉了。她长得很可爱，很外向活泼，我挺喜欢她。但从她身上，我看到了许多的问题。也许是因为爷爷奶奶非常宠爱孙女，没有严格订立各种规矩，让孙女为所欲为，所以她在我家跑来跑去，一会儿打破杯子，一会儿又撞到玻璃，不仅自己受伤，我家损失也不小。

我对小朋友说了："在建筑物里奔跑很容易受伤，所以不能在房子里奔跑。跑，应该是在外面才能有的行动。"小朋友却对我说，她在自己的家都可以跑来跑去，爷爷奶奶从来不会限制她。

因此，我和朋友讨论她的孩子的问题，她说："我懂你说的，我会赔偿你的损失。"

"那不只是赔偿损失的问题，更严重的是，孩子的秩序和规矩及价值观没有被建立起来，将来她上学了，在学校会出现很多适应不良症，会格格不入，也许还会被同学孤立，那就更不好了。"我对她说。

同时，我的朋友的另一个小婴儿，才刚送回家乡给爷爷奶奶照料。其实我这个朋友家境很好，打扮时髦，开着奔驰车，有时还会送我大龙虾。

后来几年，我偶尔还会见着这个女孩。她刚到美国上幼儿园时，因为不会说英语，听不懂美国老师说的话，当然也无法和小朋友沟通。

虽然后来她的英文学习得很快，但那段时期，我看到她的眉宇之间有许多忧愁，这在那个年纪的孩子身上是不常见的。

在我照顾她的那个暑假，她有时会对我说，她是多么想念在家乡的爷爷奶奶，说着说着，泪水就沿着脸颊流下，看得我心痛极了。

③ 想念孩子心酸酸。

另外一个比较年轻的朋友，也是夫妻两个都在美国，也生了两个孩子，都送回家乡给爷爷奶奶和外公外婆照顾。为"公平"起见，老大送到爷爷奶奶家，老二送到外公外婆家，兄弟姐妹虽然都在家乡，可能根本没有机会相处，他们之间的感情是浓是淡，就不得而知了。

我倒是看到过这位年轻的朋友和孩子通过网络，使用免费的视频通话。在说话时，妈妈一直看着孩子，孩子则跑来跑去，难得正正经经地和妈妈聊天。

这位朋友每每和我谈及她多么想念孩子时，总是一把鼻涕一把眼泪，看起来怪可怜的。我问她，为什么要如此折磨自己呢？为什么要让自己心碎？一句话，为了多赚钱。

④ 教养是谁的责任。

当父母的一定要想清楚，孩子是自己的孩子，不是爷爷奶奶或者外公外婆的孩子。隔代教养会出现诸多问题，相关的研究已经很多，读者可以自行搜索。

试着研究下"教养"这个词，其英文是 Parenting，Parent 指的就是父母，其中含义显而易见。

既然教养的责任是在父母，为人父母者就要想办法承担下来。如果担子太重，可以考虑丢掉一些不必要的物质需求，例如买房、换车等，这些都是将来随时可以做的，但孩子天天都在长大，教养不能等。

⑤ **我的亲身经历。**

我自己就曾经有过类似的经历。在我生下老大后，我的父母因为拥有了第一个孙子，非常想照顾他，这样他们不仅有话题可以和村人聊，还能向别人炫耀他们当外公外婆了。我的爸爸妈妈给我的理由是："你正年轻，我帮你带孩子，你可以趁机多赚钱。何况，你又不懂小孩子，照顾不好他，我们来帮你做这些工作不是正好？"

那时候的我真的还年轻，才 26 岁，压根儿没想过照顾孩子是怎么一回事，也没有教养的观念，而且我当时在一个公司里当秘书，负责与外国客户联络，工作也挺忙的。因此，我乖乖听了父母的话，月子坐完，就把孩子留在我父母的家让他们照顾。

虽然每个周末我们夫妻都会开 3 小时的车南下去探望孩子，并且和孩子一起共度一个晚上，但随着孩子渐渐长大，到五个月大时，孩子看到我不再笑了，看到外公外婆时却眉开眼笑，让我的心莫名揪紧。

我下定决心要把孩子带回家自己照顾，可是，这个孩子是当时我的父母唯一的孙子辈的孩子，他们带得很开心，而且祖孙之间感情已经很深厚了，怎么舍得让我带走呢？

为此，我和我的爸爸妈妈说了又说，他们还是不肯接受。我的父母不识字，没有受过教育，又住在农村里，眼界没那么开阔，很多话他们是听不进去的。他们坚定地认为，对于年轻的我们来说，最重要的是赚钱。

不得已，我强硬地把孩子从外公外婆家带走了。这样做的后果是，我和父母几乎闹翻，他们常常半夜醒来就到处找外孙子，很是可怜。

有了这个惨痛的经验，后来生下老二后，我立刻决定自己来照顾。

这是个沉痛的教训，希望各位年轻的父母不要重蹈覆辙，即使你们没有察觉到，**这种远离孩子的亲子关系，损失是非常大的。**

美国有不少关于远距离亲子关系的研究，就是针对那些送去爷爷奶奶家，长期没有父母陪伴的孩子，他们长大后的表现做了研究，发现那些孩子在上学期间，精神方面的困扰尤其多。

美国斯坦福大学的研究结果表明，**和父母长期分离，与爷爷奶奶等亲属同住在乡村的孩子中，超过 70% 有严重的精神上的异常现象。**

因此，如果能够克服经济上的困难，请你们无论如何，要一肩扛起教养孩子的责任。孩子的成长，不只需要食物、玩具、钱，他们更需要父母的爱、关心、照顾、陪伴和教养。

2. 做讲理的父母

"不打不成器"是我们从小耳濡目染的话，有些人误以为真，动不动就拿棍子。但，被打的人伤的不只是身体，还有情感，有心理，会留下长期的痛楚。那些痛，会变成人格成长过程的一些障碍。

学会当一个讲理的父母，是现代人必修的课程，也是成熟父母必须要有的修行。讲理，就是要把"为什么"说清楚，帮助孩子了解，为什么是这样，为什么不是那样。但长期以来，我们的文化不习惯用口语表达，以致压抑成了习惯。压抑惯了的人，在口语表达上就显得笨拙。说出口的话，有时候伤了人还不自知。

有些父母有强烈的"我说了算"的倾向，但孩子会质疑，凭什么爸爸妈妈说了算？实际上，没有谁能"说了算"。凡事讲个理由，而且这个理由还不是编的理由，是经得起考验的，是有逻辑的。

3. 学习宽容

父母不但要保护、照顾孩子，也要引导和教育孩子。所以，父母的胸襟要宽大，要学会宽容，学会原谅。

孩子犯错，是很平常的事儿。父母在孩子犯错时，除了把前因后果都说清楚，让孩子完全明了自己行为所导致的不良后果，当然也要教导孩子学会为自己的错误道歉。

在孩子道过歉后，父母就应该让这件事情结束，而不是像坏掉的唱片一样，不断地重复："你以前……，现在还……"拜托，过去的就让它过去，不要老调重弹。

当孩子道歉时，父母要学会说："妈妈（或爸爸）接受你的道歉，也以你拥有主动道歉的勇气为傲。我们都从这件事学到一些教训。现在，就让我们……"

当父母的要了解，有时候虽然父母说过很多次，但孩子还可能会继续犯错，这就像我们学习一样，很多知识学过了，还得不断练习，多做题目，才能熟能生巧。在算数学题目时，我们有时候不是不会，也不是不懂，但还是会犯错，这是一样的道理。

犯错就是这么一回事，而犯错也是最好的老师。我们从犯错中学习，那将成为一生中牢不可破的珍贵经验。

父母对孩子犯错道歉后持宽容态度，孩子也会宽恕自己和宽容别人，这将影响孩子的一生。

4. 勇于认错

古人有句话说"天下无不是的父母"，千万别被这句话误导，因为非常不合逻辑。想想看，只要是人，都会犯错的。当初说那句话的人，只是在凸显父母的权威，但这样的说法和想法，只会把孩子和父母的关系拉远。

实际上，父母在教养过程中也常会犯错。父母也是人，人犯错是可以被接受的。但同时，如果父母做错了，就要认错，要向孩子道歉。

认错和道歉，不是很容易做到，尤其是传统观念下长大的人，死守长幼有序，认为长辈有错不需要认错。实际上，如果父母做错之后勇于认错，甚至向孩子道歉，显示的是父母的勇敢和成熟。孩子看到父母的做法，自然会知道：万一自己做错了，就要承认错误，也要向人家道歉。

这样形成良性循环，让孩子不会畏畏缩缩，而是抬头挺胸，因为孩子知道，就算犯错了，只要及时认错、道歉，那么等翻过这一页，他又可以爬向更高的山。**这样的孩子，内心没有内疚感，没有心理负担，可以轻装行走在人世间。**

5. 正向引导孩子

成熟的父母，就是负责任的父母。父母负责的范围包括孩子的身体健康、情绪上的稳定，及心理上的健康。另外，父母还得尊重孩子的完整人格，以及教养孩子尊重自己时也尊重别人。但要这么教孩子，绝非只是口头说说，父母得先尊重孩子，让孩子了解什么是尊重。一个从小被父母尊重的人，不但会尊重自己，也会尊重别人。而教养的工作，很多时候都是父母要做好示范，因为孩子的第一个老师就是父母，他们凡事都向父母学习。

若父母不尊重孩子，不尊重别人，孩子看在眼里，自然就有样学样了。这就是为什么**父母说话要小心翼翼，什么话该在孩子面前说，什么话不该在孩子面前说，都要随时提醒自己。**

成熟的父母要学习正向思考，并引导孩子走正向的人生。正向，就是乐观积极，凡事从好的方面去思考，不怨天尤人，不自怨自艾，不看轻自己。正向思考还包括遇到困难就设法解决，并相信自己可以解决。正向思考的力量非常强大，会全盘改变一个人的命运。

6. 和孩子做朋友

心智成熟的父母不但是孩子的指引者、照顾者、教育者，也是孩子的朋友。和孩子做朋友，当然得开放自己，和孩子谈心，谈自己，以及各种大事小事。

愈是重视权威的父母，愈是无话可以和孩子说。孩子心中怕父母，自然也不敢说真心话，即使在外面遇到困难，也不敢对父母说。原本父母和子女之间有可以共同解决问题，或者父母可以趁机引导孩子走出困难的机会，但就因为孩子害怕父母的权威，而不敢开口。

你说，这是多么可惜的事情？

怕父母的人很多，尤其在东方社会里更多。我的父母就是很重视权威的人，而我和我的兄弟姐妹有事情不会对父母说，我们自己解决。父母不知道我们在外面发生了什么事情，因为我们只报喜不报忧。

和父母在一起，我们只说寒暄的话，然而我的美国朋友和他们的父母总是侃侃而谈，什么大事小事都谈。看到他们那么友好地聊天，一聊就是几个小时，我就想，若我的成长也是那样该多好。

在和孩子聊天时，做父母的应该学会说："谢谢你告诉爸爸妈妈这么多你的事情。谢谢你信任爸爸妈妈。爸爸妈妈真高兴知道你的一切，谢谢你的分享，我们很以你为荣。"

或者说："如果我是你，碰到这样的事情也会很伤心。如果你需要任何帮忙，请让爸爸妈妈知道。"

要当孩子的朋友，首先要把父母的身段放低一点，放软一点。

7. 勿做直升机父母

"直升机父母"的说法首见于美国。美国是非常讲究独立精神的国家，每个人都要学习独立，而且非独立不可。但是，有些父母，尤其是那些事业非常有成就的父母，在安稳舒适的环境中过日子，就觉得自己的人生最美最好，因此要按照自己的理想去打造孩子的人生。

这些父母可谓捞过界（"捞过界"原是香港黑社会的切口，意思是大家各守地盘，和气生财。谁要是手太长，伸到人家地盘里去，就是"捞过界"），要为孩子安排一切，包括功课、交友、老师、学校等等。直升机父母不给孩子一点点冒险和犯错的空间。他们对孩子照顾得无微不至，就算孩子上大学了，也要飞到大学里去安排孩子的生活。

直升机父母就像直升机一样，孩子到哪儿，他们就飞到哪儿，孩子一有什么问题立刻就飞到孩子身边。

美国常见的是让孩子自己做决定，独立成长，所以当有父母如此"周到"地照顾孩子时，就感觉很不正常，引起孩子激烈的反抗。

直升机父母剥夺了孩子探索、冒险、学习的机会，也影响到老师的工作。老师对那些父母有些敢怒不敢言（因为美国的老师是一年一聘，做不好，校长就不签下一年的合约。若家长反对或投诉老师，老师就会失业），最多只能委婉地对家长说"太无微不至地照顾孩子是不好的……"

美国的直升机父母最多也就是"飞"到孩子上大学阶段。过了那阶段，若父母继续飞，孩子就要翻脸，而且根本没有人愿意和那样的孩子约会、谈恋爱。

然而，直升机父母在亚洲国家则要普遍得多，只是大家见怪不怪，习以为常罢了。

我曾在报纸上读到一些报道，讲述有些父母因为孩子大学毕业后到外省工作，所以自己也跟着去那个地方，只为照顾孩子的起居生活。

直升机父母和放手的教育理念是相冲突的。直升机父母在美国被归列为思想不成熟的父母。因为不成熟，所以不放手。放手，需要的是智慧和勇气，而直升机父母正是因为缺乏勇气，所以才会孩子飞到哪就跟到哪。

8. 接受孩子的不完美

谨记：天下没有完美的人，即便是那些著名的伟人，也没有一个是完美的。比如亚力山大大帝，虽然年轻有为，东征北讨，但三十来岁就翘辫子了，说不上完美。比如孔子，周游各国，为他的政治理想而游说，他拥有先进的教育理念"因材施教"，被尊为至圣先师，但在某些人眼里，孔子过于保守，当然也不完美。比如秦始皇，一个13岁就拥有那么大抱负的人，还第一个统一了中国，但他创立的秦王朝很短命，只不过十几年的历史，他当然也不是完美的人。

既然天下没有完美的人，我们就该放心了，因为这样就不可能有完美的父母。当父母的人，也不必担心自己教养孩子的过程不完美。

同样的，既然没有完美的父母，当然也没有完美的孩子。因此，父母在对待子女时，理所当然地不能要求孩子完美。

我的妈妈在个性上是极端的完美主义，无论大事小事，全部都要完美。她对子女从穿着到行为，都按照自己的想法去要求完美。结果呢？她就不快乐了。因为她看这个不顺眼，看那个也不顺眼。

完美主义型父母不但给自己苦头吃，也让孩子吃不消。尤其是在孩子刚开始上学时特别严重，要求孩子每一笔每一划都要写得工工整整，字体更是马虎不得。孩子写作业时，父母就坐在孩子身旁，每当孩子有一个字没写得很工整，父母就用橡皮擦擦掉——"重来"！

孩子屡次地写了被擦，重写又被擦，那种学习上的挫折感不言而喻，最终导致孩子不想学习，不愿学习，因为学习里没有成就感，没有喜悦，没有向往，只有挫折和不安。

接受孩子的不完美，当父母的会快乐些，而且亲子关系更好。在学习的过程中，错误是一定有的，而孩子就是从错误中学习。美国流行一个说法：唯有从错误中学习来的，才是真的属于自己。

接纳孩子的错误，接纳孩子的不完美，都是父母必须不断学习的课程。在大自然里，所有真实的东西都不是完美的，而那些看起来完美的往往是假的，比如假花，比如做过整形手术的人，即使看起来完美无缺，也失去了自然的美感。

与其要一个假的孩子，为什么不要一个活生生的有血有肉的真实的孩子呢？真，才是最珍贵无比的。所谓"学生"，是要学习生存，学"生"的，不是要学"死"的啊。父母该明白，你到底要的是什么样的孩子。

9. 不害怕

成熟的人，不轻易害怕。在教养孩子的路上，成熟的父母应当是没有害怕，没有畏惧，全心全力地拥抱生命，拥抱孩子。

若有害怕有恐惧，其实那是来自于父母内心深处对自己的恐惧，可能是因为在自己成长过程中没有得到足够的爱，或者在不安全环境里长大的关系。

内心有很多恐惧的父母，很难不把恐惧传达给孩子，让孩子也不自觉地感受到害怕和不安。

爱，是最好的恐慌治疗剂。 只要父母打开心扉，专注地看着孩子

可爱的脸庞，那些内心对自己的恐惧和不安，会逐渐消除的。

孩子总是不断地在帮父母看到童年的自己，看到一个自己不知道的自己。孩子是父母的镜子，镜子照出来的，有漂亮，有丑陋；有勇敢，也有脆弱。

如果你自己有许多的不安，那么学习爱吧，让爱来引导你走向无惧。家人是爱的源泉，他们对你满满的爱，伴随你飞过恐惧不安。

10. 让孩子学习分享

分享虽然是件快乐的事，但对于本来所有的一切都归属于自己的人来说，一旦想到要将其分享出去，心里那一关是非常不容易通过的。因为习惯已经养成，"主权"确立已很久。

因此，分享是需要学习的，而学习，是要通过父母来引导的。设立规范，而且规范要具体，不要说空话。太抽象的话，例如"你应该和别人分享""你不能小气"等，孩子不好理解，可能还会觉得委屈。

例如你家有两个孩子，那么你可以这样规定：

如果玩具是在你自己的房间里的，那么如果其他人到你的房间来，要玩你的玩具，就一定要先征得你的同意。

若是新买来的玩具呢？大家猜拳头决定，赢的先玩两天，不论这玩具是放在哪儿，都可以先玩两天，之后轮到另一个人。

如果孩子们没有自己的房间，父母可以在家里设立安全区或储存玩具的柜子或架子，让孩子可以放自己得到的玩具奖品。

而玩具若是属于公共财产，也就是不属于个人所有，是这个家的公共玩具，则先到者先玩，而时间可以设定为 5 分钟。5 分钟之后，要和其他人交换玩具。这样一来，纷争就解决了。而且，分享是在规范之下进行的，久而久之，孩子从分享里得到的是知道自己的权利，同时也懂得尊重别人的权利。另外，在公私领域上的界线也清楚，不至于挑衅别人或者霸王硬上弓强抢。

还有一个解决方式，不是分享制度，而是轮流制度。例如，不论玩具是归属于谁的，每个人都可以玩。在这种情况下，如果老二正在玩哥哥的玩具，而哥哥来了，他说："那是我的玩具，我要玩。"

爸爸妈妈可以对老大说："这是你的玩具，可是，你的妹妹正在玩。10 分钟后，换你玩。"

然后爸爸妈妈要对妹妹说："10 分钟后，这玩具轮到你哥哥玩。"

为了减少纷争，父母一定要设立闹钟，10 分钟一到，闹钟响了，孩子们就知道玩具该换人玩了。

父母还要教孩子这样说话："如果你玩好了，可以轮到我玩吗？"这是教给孩子主动出击，学习有礼貌地对其他人说话，而不是一看到喜欢的就去抢，或者自己的玩具不好玩就抢别人的，还理不直气却壮地告黑状。

玩具如此，其他也一样。父母可以如法炮制，但前提是不可以偏心。

需要提醒各位父母注意的是，分享并不是要等到老二出生后才开始的，就算只有一个孩子，父母也应该经常和孩子一起玩分享的游戏，沿用上面的方法。当孩子习惯了分享，充分享受到分享的乐趣和好处，那么一旦有了弟弟妹妹，分享的习惯自然会延续。

自从决定要生老二，我们夫妻就决定，绝对不可以对孩子偏心，不能让孩子面临"爸爸或妈妈比较疼谁"的议题。

很多历史悲剧都是因为父母的偏心所致，例如圣经里的该隐杀掉埃布尔的故事，为什么哥哥会杀弟弟？他们两人都是亚当的儿子，埃布尔是牧羊人，该隐是农人。两人都将自己所产的物品奉献给主，但主喜欢埃布尔贡献的，却不喜该隐的，最终导致了兄杀弟的悲剧。

圣经中还有一个很有名的故事，雅各布生了十二个儿子，却独宠约瑟，哥哥们为此嫉妒约瑟，就把约瑟卖给商人带到埃及去当奴隶，回家却对爸爸谎称弟弟被野兽吃掉了。

父母对待子女最可怕的做法就是不公平，偏爱某个子女不但给家里带来不幸，还会撕裂兄弟姐妹的感情，大家一定要引以为戒。要让大宝安心，父母应该随时反思自己是否有偏见和偏爱的行为或倾向。

11. 当与孩子意见不一样时

当孩子和父母的意见不一样或相反时，成熟的父母要克制自己想发脾气的情绪，先听听孩子的意见。为什么孩子那么想，那样表达？要能够接受孩子对事情有不一样的看法或意见，甚至采取不一样的生活方式。

想想看，如果孩子有不一样的想法或意见，是不是代表另一种可能？而那种可能，也许是当父母的人从来没想过的，也可能是一种创意或超越。

时代变化非常迅速，孩子的意见不一样时，就是父母要睁开眼睛学习的时刻，试着接受，不要恐惧。

12. 教养必须弹性十足，而弹性十足就是"变变变"

当弹性十足时你会感到惊奇：原来天下有这么有趣的事情，让你天天免费做运动，保持身材苗条，把肌肉锻炼结实。这也是六十岁或七十岁的人，就算有生殖能力，也不敢生孩子的原因——哪里有体力整天跑来跑去？

不只教养和照顾孩子让你动力十足，还常有人对你说甜言蜜语：

"妈妈，我爱你。你是全天下最漂亮的妈妈。你是全世界最聪明的妈妈。"甚至还有："妈妈，等我长大了，我就要和你结婚。"

不过，你别得意太久，等到六岁时，同一个人竟然告诉你，他爱上了幼儿园里一个头发上绑着蝴蝶结的小女孩，说那女孩是多么可爱，他长大了，就要和她结婚。或者更早，也许只有四岁的他就对你说，幼儿园里有一个女孩，每天帮他绑鞋带，说自己爱上她了，长大要和她结婚。

你说，这么快就移情别恋？对啊！这就是小朋友，年纪长大一点点，就有完全不同的变化。

这就是教养。你必须随着孩子的变化，而不断地改变自己。如果你还坚持用去年的方法来教养你的孩子，估计你会踢到铁板，还不能喊痛，只能咬牙忍着。

既然孩子在变，父母也得随时要变。孩子出招，你要随时都能接招，还要能见招拆招。你不能只会"水来土掩"，也不能采用三皇五帝时期鲧治水的方法。黄河泛滥，鲧花了九年时间用筑堤的方式治水，以失败告终。他的儿子禹改用疏通的方式，才解决了洪水泛滥的问题，解除了百姓生存的危机。

教养，也是同样的道理。为人父母者，不能一味承袭你的父母对你的教养方式，一成不变地教养你的孩子。你不但不能懒惰地抄袭，还必须寻求改变，这样才有一代一代的进步，整个中国社会也才能朝向更文明的社会前进。

13. 口说没用，要以身作则

示范比口说更有效。到底什么样的父母才是好父母？天下没有"无不是"的父母，反而是各种有"不是"的父母比比皆是，他们会生孩子，但不会养孩子，也不会教孩子，更不会训练孩子。其中有些人只是承袭自父母对他们的教养方式，一味严格，动辄打骂，这只能让孩子怕父母，并和父母疏远，亲子之间的关系当然有"沟"无"通"了。

亲子关系不好，孩子当然不肯听爸爸妈妈的话。想想看，我们会听一个我们讨厌的人说的话吗？不会，对不对？同样的道理，孩子也是人，当然也不喜欢听让他自己讨厌的人说的话。因此，**爸爸妈妈一定不要变成孩子讨厌的对象，搞好亲子关系非常重要。但是，也不可以没原则地退让，这个尺寸的拿捏非常之难，需要时刻警醒。**

好父母要教给孩子一些价值观，包括诚实、同情心、仁慈、合作、自我控制、自力更生、欢乐爽朗等，这些是普世的价值观，父母一定要教给孩子，这样孩子将来才会成长得更舒服和顺畅。

14. 放手力量大

随着年龄的增长，孩子一天天在变化，自主性也越来越强，父母的教养当然也要适时改变。

最大最难的改变，就是放手。

一个人若学会了放手，很多问题都将随之解决。人和人的冲突，人和自己的冲突，都因放手而海阔天空。

放手，不但让孩子可以探索自己的人生，在学习上也可以更放大他们的选择，孩子的潜能也随之发展得更好。

例如，我的女儿在小学五年级时，要求我同意她和小她一岁的表妹两人一起去花莲旅行。她说，她们要从台北搭火车到花莲，再转搭巴士到花莲的天祥，然后要在天祥的基督教长老教会住一个星期。那个长老会牧师是我的朋友，女儿和他们夫妇都熟。

两个分别是 11 岁和 10 岁的小女生，就这样背着背包，从台北出发到花莲去了。一个星期后，两个小女生高高兴兴地回家了。女儿当时兴高采烈地对我说："妈妈，谢谢你答应让我们自己去。这趟旅程，我们碰到很多人，还有人在旅途中帮助我们呢！有些大哥哥大姐姐知道我们两个小女生自助旅行，都佩服得不得了呢！"

还有一次学校放春假，我正忙着工作，无暇带孩子出游，于是我让正在读六年级的儿子带三个小朋友到当时的台北儿童乐园玩。三个小朋友包括妹妹、表妹和表弟。

孩子们回家后对我述说他们的旅程，以及哥哥整人的故事，个个都觉得回味无穷。而今，他们已经都长大了，一想到那次的旅程，还纷纷认为自己很厉害。

各地情况不同，不必照搬我的做法，在保证孩子安全的前提下，尽量放手，让孩子更早地享受信任，学会承担。

担心太多麻烦就来。

当父母的人总是要担心很多，要牵挂，要不断地叮咛，要为孩子做很多他们自己能做的事，这样越俎代庖的结果，就是让孩子不知所措、无法自立。

抚养孩子长大后，父母的任务就完成了，就该主动告退，让孩子自己去走自己的路，去发展。父母和孩子之间的关系，父母应是协助者，协助孩子成长，学习适应这个世界上的人和事物，学习生存。而最终，孩子一定要走自己的路，而不是按父母要求的路去走。

每个人的人生地图都不一样，在父母与子女之间，随着孩子的长大，父母要"反主为客"，也就是要从做主的人变成客人。而客随主便，这是大家都熟知的道理。因为是孩子自己的人生，不是父母的人生，所以父母在孩子的人生里最终应该是客人的身份，而不是一直做一个指手画脚的主人。

而且，这个世界变化得这样快，父母的脚步往往跟不上孩子。唯有在不断的"变"中，孩子的生存才能更加融入属于他所处的时代和世界。

有了这样的认知，爱孩子的父母，就应懂得适时退位。唯有父母退位，也就是放手，孩子才能放胆追求自己的人生。

远离焦虑。

焦虑，是指人在情绪或心理上产生的一种内在冲突，这样的冲突，会连带引起不理性的恐惧或焦虑，就是害怕和担心的连锁反应。通常都是过去的一些不愉快的经历所累积出来的情绪或心理上的原因。

焦虑是非常负面的情绪，会引起呼吸急促、头痛、心悸、四肢无力等，对身体健康很不好。因此，在教养上，父母要避免焦虑，因为孩子对父母的焦虑非常敏感，很快就能感受到，进而受到影响，也焦虑起来，这样对孩子的人格、心理和精神发展都是不利的。

如果父母在教养上产生焦虑，一定要学习去面对，问问自己在压抑什么，在害怕什么，为什么会有恐惧呢？把问题一点点地抓出来，去面对它，解决它，最终放下它。

因此，教养上要放轻松，以平常心来对待教养。千万别一听到隔壁邻居送孩子去学习什么才艺，就马上要自家孩子也赶快去；当然更不需要别家的孩子考试拿了双百，你也非要孩子拿双百不可。

人生，不是只有 0 或 100 两种可能。在 0 和 100 之间，有许多种可能。做父母的，一定要想想人生的无限种可能性。何况"小时了了，大未必佳"，反之亦然，父母又何必穷紧张、乱焦虑呢？

找回自己的生命中心。

放手的父母该如何呢？父母的生命重心，应该回归到自己身上，好好地发展自己的兴趣，学习想要学习的，父母要度过心理的空巢期，并渐渐让"空巢"充实起来。

这就像宝宝在学习走路时一样，刚开始摇摇摆摆的，好像随时都要跌倒。这时候，父母会想要扶孩子一把，而孩子虽然还那么小，通常的反应也是不理会父母，继续跌跌撞撞。

十几个月大时，孩子已经通过学习走路这件事告诉父母："我要走我自己的人生。我跌倒了，我会自己爬起来，继续走下去。我不怕跌倒。因为曾经跌倒，我会走得更好。"

的确，没有跌倒的经验，孩子怎么可能走得稳？安安稳稳的人生虽然是很多父母对孩子生命的期望，但那也太无聊了，不是吗？何况，每个人内心深处都有一个渴望，要走自己的路，要走自己的人生。但有时候为了不违逆父母，而压抑了自己的渴望，太可惜了，不是吗？

孩子的人生，毕竟不是父母的人生。当父母的人一定要想清楚。每一代的人，都有属于自己的时代。每一代的人，也在创造自己的时代。正因为这样，时代才能够不断地往前推进，这个世界也因为变化而更丰富多彩。

未来的变化，不是当父母的人能掌握的。因此，放手让孩子走自己的路，且父母要持续不断地这样去做，这样孩子才会为自己的人生感到骄傲。而那样的骄傲，就是成就。

（如果有兴趣进一步了解这部分内容，欢迎阅读我的著作《放手力量大》，商务出版社出版。）

15. 父母不能对孩子说的话

父母不可以对孩子说的话可多呢，让我们挑一些最严重的话出来，提醒一下当父母的人吧，千万别为自己生气时说的话找借口。一旦你说了伤害孩子的话，那么孩子的痛，可能一辈子伴随他。

在这里，我只是举出 10 句我认为最严重的，供你参考：

① 但愿我从来没生过你。

这是什么跟什么？又不是孩子自己要求出生的，父母怎么可以耍赖一般说这样的话呢？！

我的一个五十多岁的朋友对我说，他的妈妈在他小时候曾经对他说过这句话，让他一辈子耿耿于怀。

而当初妈妈在说那样的话时，只不过因为孩子太调皮，妈妈照顾不过来，疲惫不堪下脱口而出，她又怎知道孩子会一辈子记在心里，不能原谅妈妈呢？

"但愿我从来没生过你"被我列为第一句不能说的话。那是父母自己打自己的嘴巴，而且缺乏逻辑。再怎么生气，都不能说这样的话！

② 等你爸爸回来，就让他打死你。

这句话往往是身心俱疲的妈妈们说出的，想要用一句话来恐吓孩子，让孩子立刻停止调皮行为。妈妈以为孩子听到这句话就会害怕，就不敢再撒野了。但其实这句话也是可笑的：①爸爸如果打死孩子，爸爸要坐牢；②离间了爸爸和孩子之间的关系；③对孩子使用恐吓语言也是一种犯罪；④显示自己教养无能，缺乏解决问题的能力；⑤让孩子害怕一整天，真残忍；⑥当妈妈说这句话时，已经带有暴力存在了，又怎么能教导孩子不暴力呢？

我将这句话排在第二，这是妈妈们最容易脱口而出的话，不分东西方。我的妈妈就老是用这句话来恐吓我们，但从来没有产生过作用。

③ 够了！给我滚出去！

呜呼！太可怕了！说这句话时，爸爸妈妈一定是在手忙脚乱地做事情，再加上被孩子吵得不得了，在极度生气下，提高音量对孩子喊道："够了！给我滚出去！"

想想看，假如孩子真的听你的话，滚出去了，不回来了，不知去向了，你会急得发疯吧？相信你绝对不愿意看到这样的事情发生，那么，冷静下来，深吸一口气。

当父母的人，怎么可以说伤害自己孩子的话呢！万一孩子真的走了，你不哭死才怪！你可千万别辩解说"我又没有那个意思！"既然没有那个意思，你为什么要说呢？美国人有一句俗话是这样说的："如果你没有什么好的话可说，就闭嘴什么都不说。"

④ 滚开！别吵我！

父母忙，有时候真的希望可以休息一下，可以一个人静一会儿，偏偏小萝卜头太不识相，像个麻雀一样："妈妈，我的脚在痛！""妈妈，我的头发在痛！"还有更夸张的："妈妈，我的衣服也在痛！"

听到孩子这么无厘头的话，如果妈妈不忙不累，一定会爆笑开来，分享孩子的童言稚语和异想天开；但若妈妈正又忙又累，那她只希望孩子闭嘴，远离妈妈一会儿。

要小心的是，一旦说出："滚开，别吵我！你没看到我在忙吗？"如果孩子真的听了爸爸妈妈这样的话，以后可能有事情就不和爸爸妈妈说了。切记，不要一句话关闭你与孩子沟通的管道。

5 你为什么这么坏?

大宝和弟弟妹妹吵架时,当父母的总是忍不住要维护小的孩子,对大宝冲口而出"你为什么这么坏?你都几岁了,还这样不听话!"

这样的话,听在大宝耳朵里,很容易将愤怒情绪转到弟弟妹妹身上,借机报仇,不只增加教养的困难度,甚至离间了兄弟姐妹的感情,何苦来哉?

同样的,"你为什么这么笨!""你没有希望了!""你就是那么懒惰!"这些深度否定孩子的话都不能说。

6 你再这样,我就不要你了。

喔!太可怕了!父母说出"你再这样,我就不要你了!"会引起孩子的恐慌和焦虑,进而缺乏安全感,以为父母真的要抛弃他了。

被抛弃,绝对是严重的事,尤其对小朋友来说。他本来就是依附于大人生存的,如今大人说不要他了,你说,那有多恐怖啊!

话再说回来,父母在孩子成年之前不要孩子,就犯了抛弃罪。抛弃罪!可不是好玩的哩!

7 你耳朵聋了吗。

孩子大多不能像大人那样一心多用,当父母喊叫孩子时,不管是隔着一段距离或者当面叫的,孩子都可能没有听见,因为他正专注于做某件事或想某件事,这时父母心急了,就喊道:"你耳朵聋了吗?没听见爸爸妈妈在叫你吗?"

说归说,哪有父母希望自己的孩子是耳聋的呢?既然你们不想也不愿意,就别说这样的话,对谁都没好处,听起来甚至有诅咒的意味!

⑧ 别哭！不准哭！

拜托，人在伤心时，哭一哭是好的，对情绪的纾解有很大的帮助，是心理健康的象征。但有些人就是不准孩子哭，硬要孩子压抑，还说什么"男儿有泪不轻弹"，难道男孩子就不是人吗？

孩子哭的时候，听听他有什么需求或是否感到不舒服，是不是需要帮助？去理解孩子，让孩子有表达的机会。万一孩子在公众场合大哭，你可以赶紧将孩子带离现场，问问清楚，但千万别疾言厉色地怒吼"不准哭"，太过专制了！

⑨ 为什么你就不能像你哥哥那样。

这句话显示出父母爱拿孩子来比较的心态。每个孩子都不同，父母却总是忍不住地要去比较，这显然是不合理的。

比较是将压力施在孩子身上，结果只能是让孩子更缺乏自信，当然还是别比来比去为好。

⑩ 停止！不然我就让你哭个没完（或让你兜着走）。

调皮的孩子即使在别人家里，也喜欢动个不停，好奇地用手摸来摸去。父母怕将人家的东西弄坏了，或担心孩子显得没有教养，就会忍不住说："停止！要不然我就让你哭个没完！"

你真的想让孩子在别人家里哭个没完吗？当然不是，只是吓唬孩子罢了。但这种恐吓如果不能落到实处，只会让孩子觉得父母言而无信；如果真要落实下去，你准备怎么办？在别人家里揍孩子一顿吗？

16. 做好父母的"十诫"

美国费城天普大学（Temple University in Philadelphia）的心理学教授劳伦斯·斯坦伯格博士（Laurence Steinberg，PhD），根据75年的社会科学研究成果，写成一本关于教养的书《The Ten Basic Principles of Good Parenting（做好父母的十诫）》，告诉为人父母的要守十诫，才能当好父母。

什么是做好父母的"十诫"呢？

① **以身作则。**

父母是孩子的第一任老师，孩子就是向父母学习的。因此，父母要做孩子的好榜样，不能说一套，却做一套。如果父母抽烟，却告诉孩子香烟不好，孩子心里就会想："既然香烟不好，为啥爸爸妈妈要抽烟呢？"还有，父母常要接电话的孩子说谎，"明明爸爸在家，怎么要我告诉王伯伯说他不在呢？"这些行为都会增加孩子的困扰，因为父母没有做到以身作则。

② **永远不会爱太多。**

常有人说，别爱孩子太多，这样会把孩子宠过头。可是，斯坦伯格教授说，爱和宠爱是不一样的。当你爱一个孩子时，就不会宠爱这个孩子。到底爱和宠爱之间的区别是什么？爱，是带着感恩来的，感谢所拥有；爱，是一种尊重和情感。而宠爱，是无止境的索求，尤其是物质方面，父母为了满足孩子而疲于奔命。爱和宠爱之间应该有一条界线，再爱孩子，也不会允许孩子去杀人放火，对不对？不能孩子要什么就给什么，要敢对孩子说"不！"

③ 要参与孩子的生命。

全程参与孩子的生活，对上班族父母来说，不太容易，但却非常重要，不只是人要参与，连精神上都要投入。

参与并不是代表，父母可以帮助孩子做功课哦。斯坦伯格教授说："老师要借着让学生回家做功课，而知道究竟这个学生学到了多少？"如果父母帮孩子做功课，老师将无法得知学生真正的学习状况，当然，也剥夺了孩子学习的机会。

④ 随年龄改变教养。

例如，对3岁的孩子和13岁的孩子，教养方式和态度要不一样。斯坦伯格教授说："3岁的孩子最会说不！"其原因是3岁孩子的逆反心理。同样的，13岁的孩子态度也不会好到哪里去，但原因可能是晚上睡觉太晚、读书方法有问题，或学校功课沉重……父母要想办法察觉问题，要像医生那样学会"问诊"。

⑤ 设定规则。

斯坦伯格教授说，孩子若没有从小就设定规则，无章可循，那么等长大后他们就无法约束自己。因此，设定孩子该遵守的规则是非常重要的。他还指出，当父母的随时都要问自己三个问题：

1. 我的孩子在哪儿？

2. 我的孩子和谁在一起？

3. 我的孩子在干什么？

对于父母设定的规则，孩子当然一定会去试试，父母的底限在哪儿？父母能否坚持原则？不过，斯坦伯格教授不建议父母紧迫盯人，尤其等孩子上了初中之后，应该学会放手：

1. 让孩子自己做功课；

2．让孩子自己做决定；

3．父母不要干预太多。

对于中国的父母来说，后两者挑战很大，需要学习去适应。

⑥ **养成孩子独立的人格。**

在养成独立人格的过程中，孩子学会了自我控制。但同时，拥有独立人格的人就更会反抗权威，孩子亦然。斯坦伯格教授认为，反抗和背叛是人性，没有什么好惊吓的。独立的孩子，事实上比较会为自己的行为负责，而且做事情也会加以权衡，养成独立思考的习惯。

⑦ **要始终如一，尤其在教养上。**

如果父母三心二意，今天心情好，就打破规则；明天心情不好，就又严格要求——这样容易让孩子举棋不定，不知道到底要怎么样做才对。斯坦伯格教授认为，"父母的权威应该是建立在智慧上，而不是建立在权力上。"这是他的看法。因此，父母要坚持制订好的规则，要有始有终。

⑧ **避免严厉指责或棒棍教育。**

根据众多研究表明，父母因为孩子的行为犯规而打孩子，包括打屁股、甩耳光等，都将造成孩子更具侵略性，更会欺负别人。那些在学校欺负同学的校园小霸王，通常因为自己从小就是被父母打骂过来的。一定有方法可以解决孩子行为的问题，包括可以以"暂停"或"时间已经超过"的方法处理，而不是打骂。"例如要孩子打扫房间，如果说好是半小时要检查，时间一到，父母就可以喊"时间已过"，孩子若还没有完成，可能就失去某些特权或要受处分。还有的美国父母用的方法是让孩子回到自己的房间，不准出来，用这样的方式处罚，会让爱玩爱外出的孩子投降。

⑨ **把规则和决定说清楚。**

父母常对幼小的孩子解释很多，但对大一点的孩子，父母认为他们够大了，懂的多了，所以解释太少。这样一来，大小孩子都难以理解和实行父母订的规则和决定。幼小的孩子，如果理解能力没那么强，那么父母说清楚规则就好。但对于较大的孩子，反而需要详细解释，因为他们喜欢自己思考，如果不能说服他们，那么很难让他们做到遵守规定。

⑩ **尊重你的孩子，一如你尊重别人。**

这对中国的父母来说，的确有点小难。对孩子说话要有礼貌，要像对待别人一样对待你的孩子，要讲道理……因为孩子将来如何对待别人，完全是学习自他的父母如何对待他。就像如果父母不放垃圾食物在家，孩子就不会去吃垃圾食物是一样的道理。我在美国看到大多数美国父母和子女说话时，的确是很有礼貌，很尊重孩子，不会大呼小叫。就连叫孩子，都是走近孩子，眼神对着孩子轻声说话。就是因为从小父母那么对待他们，所以等他们长大了，无论是对父母还是对别人，都很有礼貌。反观我们，能始终彬彬有礼地对待孩子和外人的，并不占多数。

你准备接受"当好父母的十诫"了吗？我相信看了这样的父母十诫，很多父母都要摇头叹息，因为我们不是在那样的环境中长大的，现在要当第一代好父母，格外辛苦。

就让我们一起努力吧，朝着成为好父母的目标，出发！

最简单的教育法则

　　教育，是让人的生命质量变得不一样的路。因此，教育是最重要的关键所在，是开启人生的一把钥匙。

　　在教育理念上，东西方差别很大，这来自于文化的差异。我的两个孩子，对东西方教育都有所体会和经历，而我自己也在东西方的两种教育理念间游荡，对这两种教育的差别性了解和体悟较深，在这里拿出来跟各位爸爸妈妈分享。

1. 文化差异

　　东方教育是从农业社会脱胎而来的，所以东方教育看重的是记忆式的教育，是"贝多芬（背多分）"，只要会背诵，就可以拿高分。

　　因此，东方教育里课本的地位很高。熟读课本，考题就从那儿出来。记忆力好的人，在这样的教育体系下，就能出人头地，至少在学校教育这部分是这样的。

　　西方是从游牧民族脱胎而来的，他们的生活方式的特点是移动式的，所以他们的教育讲究的是要学会思考和思辨的能力。一个事情，老师要知道的是你个人的想法，而不是别人怎么想。你要说出自己的想法，并说出为什么。而"为什么"三个字，就是西方教育的精髓。

　　也正因为这样，课本只是作为参考，学生还要读很多的课外书，要有广博的知识，要将所读的东西不断进行思考，最后转化成自己的想法，并用自己的话表述出来。不只这样，学生还要参与很多的社会活动，如义工、社团，最好是当选社团领导人……换句话说，学习成绩好，不一定能获得肯定，而有自己的想法，并且是和别人不一样的想法，才是会受到激赏的。

2. 人生的第一堂课，就是"等一下"

你说，全世界有比教养小婴儿更具挑战性的事情吗？有比教养小婴儿更好玩的挑战吗？

想想看，如果你有一个十几个月至两岁大的孩子，包着尿布，走路像鸭子一样摇摇摆摆，好像随时都会跌倒或者撞到墙，偏偏这个娃娃不知道什么叫危险，好奇心还特别强，什么都要触碰一下，要探索一下。而你的神经，随时都像上紧的发条，好像随时有可能会断掉。你的视线要粘在那个小娃娃身上，深怕自己视野宽度不够，不能顾及到身边 360 度的范围。

这时的宝宝和你，一个像是歹徒，一个像是侦探。"侦探"的双脚亦步亦趋，随时准备逮捕眼前的"歹徒"。而"歹徒"呢？忙得很，还自得其乐，他才不知道"侦探"的心脏紧张得快要跳出来了。

这时候，"侦探"的手里还抱着一个刚出生不久的婴儿，除了睡觉，就是哭啊哭！所以，就算你是三头六臂的侦探，也要缴械投降。但是，你不但不能投降，不能放弃，还必须动用全部智慧，继续接受挑战。

现在，"歹徒"玩累了，肚子也饿了，他哭起来，而且哭声还很洪亮，就怕全世界的人不知道他肚子饿一样。怎么那么巧，怀里的婴儿也哭了，也饿了，尿裤还散发出异味……

好了，现在，精明又聪明的"侦探"，你该如何着手？

究竟是先搞定"歹徒",还是怀抱里的婴儿?或者两者同时?

即便你是神探,这时候也要大感头疼:对不起,两者同时应付是不可能的,你只能逐个击破。是要"歹徒"等一下,还是让跑不掉的婴儿忍耐一下,你只有一个选择,而且还得神色自如,不可以慌张焦虑或不耐烦。神探,就应该如此,不是吗?

这是"歹徒"或那个小婴儿必修的人生课程,你不必为了自己没能两者都第一时间处理而气馁,而内疚。

这么小的年纪,就要学习人生的课程?当然,有些课程早修比较好,晚了就错失良机了。不只要早修,还要一辈子持续地修,就像"等一下"一样,那是人生关于**忍耐**的学分。

有些大人以为年纪小的孩子等不得,尤其是在上厕所这件大事上不能等,当孩子说要撒尿时,父母不管什么场合,当场就拉开孩子的裤子,让孩子当着很多人的面就地撒尿。

这样的事情,怎么我从没在西方国家见到过?那是因为,西方的父母从孩子还在襁褓阶段,就开始训练孩子要等一下。不只这样,在要孩子等一下时,还会对孩子说明白为什么需要等一下,即便孩子还只有几天或几个月大。

你说,这怎么可能?孩子怎么等得了?

当然是可能的。**人的头脑是可以控制的,经过训练,孩子就能学会"等一下"。**

3. 孩子虽小,也有其尊严

让孩子当着其他人的面在公众场合撒尿,这是多么难堪的事情?撒尿,是非常隐私的事,必须要在厕所进行,除非孩子是包着尿布。

隐私,也是从小就要训练和维护的。当然,在那之前,父母得先知道什么是隐私才行。上厕所这件事情，绝对是隐私中的隐私，丝毫懈怠不得。

因此，知道了这个"等一下"的窍门后，你就可以释放自己的焦虑和内疚了。

不过，有一件事倒是你可以做的，就是凡事预先准备，那么事到临头就不必慌慌张张了。

例如，点心要随时放在离你很近的地方，万一"歹徒"和婴儿串通好了，同时放声大哭时，如果你觉得必须先搞定婴儿才放心，那么就用点心暂时买通"歹徒"，转移"歹徒"的注意力，这样你就可以安心做你手上的事情。

这就是当你有两个孩子，且老大和老二相差十几个月到两岁之间的情况。你要变成超人，每天当 48 小时来用，而且还常常会觉得时间不够用。有时候，即便有夫妻两个人一起，还是经常手忙脚乱。

4. 如何增强学习动机？

父母要教导孩子有好奇心。好奇心其实是孩子与生俱来的，但有时候好奇心会被心急的父母或太过功利的父母给灼伤。好奇心是孩子学习的窍门，也是孩子学习的老师，就像兴趣一样，两者相辅相成，孩子在学习上会更卓越。

除了好奇心，学习的动机强烈与否，也是孩子愿不愿意学习的一个关键。动机强的人，自发自动；而动机弱的人，一看到学习，就全身无力了。

我在美国的乔治亚州住了十年，也在那儿读书求学了九年多，我问了一些在学校任教的老师和教授，他们的学生有哪些问题最严重？答案相同，只有一个：没有或缺乏学习的动机。

对学习没有动机，到了学校只想着赶紧毕业，而不是真正想学到什么知识。

有没有动机，当老师或父母的最清楚了。那么，如何增强孩子的学习动机呢？孩子的学习无非是自己动手去做，加上父母、老师的鼓励和支持。让孩子多玩玩具，做角色扮演游戏，也能激发孩子的学习动机。多参加外面的活动，常能引发孩子的动机出来，尤其是孩子想要参加的活动，动力更强。

另外，动机强烈程度也和成就感有关。例如，小朋友做某件事做得好，被特别挑出来公开表扬，那么小朋友就会有勇气朝那个方向前进。而做得好不好，有时候还要看大人订的标准是不是容易达成。

如果孩子没有从中得到成就，那么动机自然就弱下来。

例如，我在初中时，我的作文簿子每次发下来，里面都有老师标的很多的圈圈，表示我写作文写得很好。加上老师的评语，说我是天生的写作好手，这些话对当时的我的鼓励，实在太大了！我的语文老师对一个乡下孩子的赞美，变成这个孩子努力写作的最大的动机。

然后，**始终如一地坚持，也是维持动机所必需的。**例如学习钢琴，如果学几天就不想学，就放弃了；改吹笛子，没几天也放弃了；换成吹喇叭，再过几天又放弃了……这样三天打鱼两天晒网，就是动机不强烈。当然，也可能和没兴趣有关。

5. 兴趣，动机最大的来源

需要父母监督着才会去做的，通常没有动机继续下去。例如弹钢琴，其实有许多孩子对弹钢琴没兴趣，但父母为了面子，觉得弹琴是很高雅的文化素养，而且又被广告语"学习弹琴的孩子不会变坏"所诱惑，硬是要孩子学琴。孩子学得痛苦，加上有些钢琴老师动辄很凶

地骂人，孩子的学琴动机自然越来越弱了。

顺着孩子的兴趣去发展，是维持强烈动机的很好的方法。

有学习的好奇心和动机，也有对成就的渴望，那么即使中途困难重重，孩子还是会继续往上走，不需要父母紧紧地盯着。一个人有想要成功的欲望，他就会朝着目标努力。

以上的那些价值观和学习上的好奇心、动机，及想要获得成就的渴望，都可以帮助孩子避免将来走向忧郁症、焦虑症和反社会人格等精神疾病。

6. 孩子有无限的潜能

所谓的潜能，就是人的潜在的能力。潜在的能力，来自于人本身所固有的能力。而发现一个人的潜能，常常就是父母、老师和孩子三方合一的结果，通常需要父母和老师两者一起帮助孩子，尤其是孩子不知道教育对他有什么用处或为什么要受教育的时候。

而潜能的开发，和性向息息相关。坊间有许多和性向潜能开发有关系的课程，诸如音乐潜能开发、技艺潜能开发等。要开发孩子的潜能可以多管齐下，让孩子发展得更好，但千万别拔苗助长，把孩子的时间都压缩掉了，让孩子不能成为孩子，这样也太可怜了。

要帮助孩子开发潜能，其实不一定花钱去上课，父母和孩子完全可以自己来。

一旦潜能被开发出来，这个孩子将来的天空就无限宽广。反之，人脑不用则废，就像打乒乓球一样，若没有常练习，技术再好也要荒废。

那么，具体怎样做才能将孩子的潜能开发出来呢？有 12 个方向，父母可以跟着做。

第一个方向，运动。

你听过"头脑要发达，四肢先发达"这句话吗？运动，是开发宝宝潜能的好方法。这是婴儿教育讲师，被誉为"婴儿早教教育第一人"的金国壮说的。因为感觉和知觉，是宝宝认识世界的开始，也是宝宝认识世界的第一步。

金国壮提出宝宝"头脑要发达，四肢先发达"的三个阶段理论：

第一阶段：感觉和知觉。

出生 4~5 个月时，宝宝就开始学着移动身体，此时，视觉器官是最重要的。若经常抱着宝宝看前方，比宝宝躺着看上方效果要更好。因为这个视觉范围内，可看到的色彩更丰富。因此，金国壮建议，父母在天气好时应多带着宝宝到外面走走。

他还认为"大脑的前庭是感觉人体运动、空间位置的最重要的器官，可以感觉人体向任何方向的运动和感知其所处方位"，也就是发展 3D 空间概念。

这样的说法实在有趣，不是吗？在宝宝时期，通过运动，就可以发展 3D 空间概念。

第二阶段：高级心理活动。

当宝宝开始会爬行时，你注意到宝宝的变化了吗？他可以自己移动身体了，而他的思维会通过移动身体来完成。

例如，当宝宝看到自己喜欢的玩具时，宝宝就会想要；而他想要时，就会爬着去拿玩具；拿到玩具时，宝宝就会很开心。如果爸爸妈妈看到宝宝自己完成了想要的任务，就拍拍手，称赞宝宝真聪明，这时候宝宝就更高兴了，因为他获得了成就感。

让宝宝完成爬行拿玩具这件事的，包括了思维力、意志力、情感体验、成就感，这正是孩子潜能的发展。宝宝从 9 个月开始学习爬行，

就开始自己发展潜能了。到 15 个月大时，开始走路，是继续发展潜能的阶段。

第三阶段：初级的人际交往。

9 个月大时，宝宝开始学走路了，开始频繁地移动自己的身体，和人的接触会更多，活动的范围也加大，语言的发展机会也就更多了。

这就是人和动物的区别，即通过不断地运动，使心智得以发展。

因此，通过运动可以发展潜能，让宝宝更聪明。父母要帮助孩子运动，要让孩子多运动，不要图省事，把孩子放在一个狭小的空间里，孩子跑不掉、走不开，虽然安全了，孩子的成长却被扼制了。

第二个方向，让孩子确定他拥有父母的爱。

当一个孩子知道和确定爸爸妈妈非常爱他时，他就会觉得自己很重要，是很有价值的人，会因此而看重自己。潜能与爱，是息息相关的。爱，可以激发出一个人的潜能。例如，我的女儿在台湾省上中学时，因为学校天天考试，她的成绩又不是很出众，所以感觉没什么学习的兴趣。但是，当她转学到美国的中学时，当时她还不会说英文，不会读课文，可是，她的老师居然指定她去参加作文比赛，题目是论述关于双语教育的重要性。作文比赛组织方允许我的女儿用中文写作文，并特别邀请了既懂中文又懂英文的老师，将我女儿的作文翻译成英文。

然后，我女儿的作文得奖了。全校的老师很以我的女儿为荣，老师读我女儿的作文给全班学生听后，说："你们看，蜜雪儿才刚来美国，她的英文还在起步，但是，她的视野很宽，她很有思想……"不只这样，老师还安排和鼓励我的女儿到各个班级去讲她写的作文，去谈学习双语的重要性。

当初我听到女儿被老师指定参加校外的作文比赛时，我很讶异：

怎么个参加法？那可是她到美国中学上学的第一个学期啊！可是，这个老师就是这么开放，把机会给我的女儿了。

从那以后，我的女儿感受到了老师对她的肯定和爱，她写作的潜能就被激发出来了，后来还写了两本书。我想，这潜能还包括那一份被肯定的成就感。

潜能，就是从爱出发的。而父母和老师的爱，对孩子来说，就像是三角形的两个角，帮助孩子将另外一个角拉出来了。

第三个方向，为孩子划下界线。

我的儿子第一次上幼儿园回家时对我说："妈妈，我的老师说的和你说的一样，不可以打人，也不可以骂人，要小声地说话，不能大声嚷嚷，因为那样是不礼貌的。"

后来，孩子回家又对我说："妈妈，老师说，做什么都不能迟到。上学不能迟到，搭车不能迟到。老师说准时很重要。老师说的和你说的一样。我们去听音乐会时，你就说我们一定要准时到达音乐厅，要不然音乐厅的门就关起来，人就不能进去了。"

"原来妈妈说的和老师说的一样"，就是我的孩子上幼儿园和小学时常带回家的反应。

父母从小为孩子立界线很重要。而界线，在于道德，在于日常生活的规范。每天的生活中都会面临一些事情，若能及时给孩子立下界线，孩子知道了不能跨过那条界线，也有助于孩子开发潜能。因为从界线那儿，他联结了父母和老师，他知道父母和老师都是可以信任的，他面临的规则是一致的。由此，潜能就在那儿蠢蠢欲动。

第四个方向，倾听孩子。

即便父母再忙，也要花时间倾听孩子的心声，尤其是在餐桌上，

一边吃饭，一边和孩子聊天，聊他们的心情，聊他们知道的事情，也聊孩子们在学校所学的、所见的、所听的。父母这样将门户开放时，孩子会感觉到自己在爸爸妈妈心目中是很重要的人。

而父母也借此知道了孩子的世界，了解了学校里老师在教什么、做什么。当然，为人父母者要重视参加学校的家长会，寻找机会和老师沟通，借着参加家长会的时机，父母和老师能同时知道，孩子这个老师和父母之间的桥梁是否将正确的讯息传达给了彼此。

有了倾听，孩子才愿意诉说自己的心情给父母。相反地，如果父母因为很忙，就拿"你甭说了，你是我的孩子，我还不知道你会干什么事吗？"这样的话打发孩子，父母就把自己和孩子之间的门关起来了。没有倾听孩子，父母如何发现孩子的潜能呢？父母没有经常和老师见面聊聊，怎么能够从老师那儿知道孩子有什么潜能呢？

我的两个孩子都参加了青少年交换学生活动，他们分别在德国和秘鲁的接待家庭住了一年。回到家后，他们告诉我，在国外的接待家庭里，晚餐常常是一家人一起吃两个小时，在餐桌上爸爸妈妈会听孩子说他们当天在学校发生的事情，而爸爸妈妈也会说自己当天在工作上或在其他地方的所见所闻。

"我的接待家庭在晚餐桌上会比我们家聊得更久、更开放。"我的孩子对我说，我能理解。我们家晚餐通常是一起吃，一起聊天，但大都只有一个小时而已。因为我们的传统观念是"食不言寝不语"，饭桌上不可以聊天，再加上孩子们在学校的功课量大，考试多，也无形中限制了家人共进晚餐的时间。

改变一下家里的晚餐气氛，多听听孩子说些什么，你会觉得那是值得的。

第五个方向，养成责任感。

孩子在学校向老师学到的知识和想法，会影响他们的学习动机和学习兴趣，而若他们回到家来，很用心地做功课，负起自己当学生的责任，同时父母也参与孩子在学校所受的教育，这样父母就把老师和孩子的责任感联结在一起了。

例如，我的女儿从学校老师那儿学了数学里分数的概念，在家里我们吃晚餐时，她负责为每个人盛饭，这时她不是默默地盛出来了事，而是问每个人要吃多少。她的问话是："妈妈，你要吃几分之几碗？二分之一还是三分之一？""哥哥，你要吃几分之几碗？五分之一还是五分之三？""爸爸，你要吃八分之七还是十分之九？"

女儿放学回家后立刻就去做功课，她觉得那是她的工作，她的责任。她还经常要求我们多给她买些数学练习册，说她要多做练习。

第六个方向，更多途径去了解孩子。

途径一，积极参加家长会。

孩子学校开家长会，父母是一定要参加的。父母不但从这个渠道更多地了解孩子，同时还可以挖掘孩子更多的兴趣。例如，我的儿子上小学时，我第一次参加他的班级家长会，老师告诉我，我的儿子非常乖巧、安静，下课时他不会到处跑，也不会和同学追逐打闹，而是一个人静静地站在班级图书馆的书架前看书。"你的儿子很喜欢读书，很乖，很安静。"老师这样对我说。

怎么会呢？我的儿子怎么会是安静而乖巧的？他在家里玩得可疯呐！他在家里调皮得很啊！他经常是从他的房间爬窗户到客厅，到厨房，而不是开门进出的。

我如果没有参加儿子的班级家长会，那么，我怎么有机会知道我的儿子有两个面呢？在家里和在学校的表现完全不一样。因此，当我看到有家长信誓旦旦地说"我的孩子绝对不会做那种事！"时，我的想法通常是："你怎么知道你的孩子只有一个面，没有其他面呢？"

当我儿子的老师跟我说到这些时，我想到的是——这对孩子的人际交往不利，并且，课后孩子不急着去厕所，有可能孩子会憋尿，这样对健康也不好。

果然，后来孩子因为憋尿不得不去看儿童泌尿科医生。

途径二，到孩子所在学校当义工。

我女儿的班上，要求父母们于晨间到学校为小朋友说故事，我很高兴，每个星期都会去，说我在外国旅行的故事给孩子们听。孩子们听了，兴致勃勃地说要去找书来读，看看我旅行的国家有没有其他更多的故事。

我同时也担任我儿子班上的家长会长，带领全班孩子活动，例如到野外露营几天，教孩子们在野地生存的技能，教他们学会搭帐篷，学会在户外做饭，学会认识自然环境并爱护环境，也学会在外面过夜不害怕，甚至夜晚时大家在真正的黑暗中欣赏天空的星星和月亮。

当一些父母们都加入学校的义工队伍中时，也就为孩子们开启了更多的生活面，孩子们从中发现自己潜能的机会也相应增大了。

第七个方向，为孩子读书。

从孩子出生那一刻起，爸爸妈妈就要养成每天为孩子说故事和读书的习惯。所有的孩子都喜欢听故事，因为故事不仅有趣，同时让人的想象空间无限宽广。

为孩子读书，应该读哪些书呢？首选是儿童绘本或故事书等和孩子有关的书，容易引起孩子的共鸣。

父母如果天天晚上在孩子要上床睡觉时，拿出半个小时的时间为孩子说故事或读书，那么孩子不但睡得好，而且能积累很多的生活素材。长期下来，孩子不仅表达能力增强，更会无形中爱上读书。

这样的亲子互动时间，不只丰富了孩子小小的心灵，也开启了他们的想象空间。孩子无限的潜能就在那儿，你说是吗？

在我的孩子们小的时候，我是尽量天天给他们说故事，或读故事书给他们听。而他们上学后，我也从来没有盯紧他们做功课或考试，也没有逼他们读书。但他们学习都是很起劲的。我想，说故事和读书给他们听，是很有效的引子。**阅读非常重要，因为阅读可以让孩子的想象力随意驰骋，而想象力也连接着潜能。**

我的女儿三岁大时，就可以自己读整本的儿童故事书了。原来，在每晚的读书熏陶下，书变成了她的玩具，她很快就学会了识字，连我都很讶异。

识字早，学习的兴趣就会更高。这也是我从不为孩子读不读书这件事费心的原因——书本身就太有趣了。

我问我的朋友们，在他们童年时，他们的父母可有说床前故事和读故事书给他们听？每个年纪和我接近的朋友都说有。而不论他们的性别是男或女，他们也都继续为他们的孩子说着故事或读着书，代代传承。

第八个方向，带孩子去图书馆。

儿童图书馆里有比家里更多的好书，还有各种主题展览等，给孩子带来丰富的活动体验。从图书馆里众多的书堆中，孩子摸索找到自己喜欢阅读的书，从而开启他们的兴趣和潜能。

有一位比我大两岁的朋友告诉我，从很小时起，他的妈妈每星期五一定带所有的孩子到图书馆借书和还书，而每个孩子都会拎着满满一袋子的书回家。他说那是他童年时期非常美好的记忆，他也由此而养成了终身爱阅读的习惯。

要开发孩子的潜能，很重要的一把钥匙就是鼓励孩子阅读，而且是从小就要开始阅读。但要鼓励孩子阅读，爸爸妈妈作出示范才是最有效的方法。这也是我喜欢把家买在图书馆附近的原因。

　　另外，书店也是孩子冒险的场所，尤其书店的书更新得比图书馆更快，我的孩子们放学后常流连在书店而忘记回家。

　　因为这样的关系，后来我把家搬到有"书店街"之称的重庆南路附近，这样孩子们可以常到书店看书、买书回家。从书里，他们经常发现新大陆，进而开发自己的兴趣和潜能。

　　父母爱买书、爱读书，非常重要。书，是孩子们成长的好朋友。通过读书，孩子开始了解自己喜欢什么，这对开拓孩子的视野和思考能力都非常重要。

　　第九个方向，带孩子去旅行。

　　我想，大概很少有父母像我那么多地带孩子旅行吧！这点我为自己感到骄傲，因为我自己爱旅行，不论到哪儿，只要可能，我就尽量带我的孩子一起去。

　　旅行，就是离开熟悉的地方。因为离开了熟悉的地方，人的思想会像脱缰的野马，纵横奔驰，这样潜能就更能有发现的机会。平时我们受到社会和家庭的制约很多，我们要完成每天必须做的事情，而旅行时，就是开放自己的眼界和思维，去吸收完全不一样的文化，这就刺激了人的大脑，让潜能冒出来。

　　我的两个孩子在上高中之前，分别跟着我旅行了二三十个国家。那些国家的人文历史成为养分，成为无限的宝藏，滋养和丰富了孩子们的头脑。

第十个方向，为孩子创办夏令营或冬令营。

当我的孩子们都还不太大时，我就开始为他们创办夏令营和冬令营。我将自己的想法在报纸上我的专栏中公布，让想参加的家庭报名，然后大家一起规划要什么样的夏令营和冬令营。

我的许多夏令营和冬令营的点子来自我自己在国外旅行的经验，加上我是喜爱阅读的人，根据这些，我会寻找适合举行夏令营或冬令营的地方，然后勘查环境，并将环境纳入夏令营和冬令营的课程。

通常，夏季时我喜欢选择在海边举行夏令营，因为孩子们可以在沙滩上玩耍，也可以游泳或潜水。而冬天时，我喜欢选择在山上举行冬令营，让孩子们在山里走路，认识山里的野生植物等。

夏令营和冬令营都有其他孩子和家长参与，所以大家每天生活在一起，也一起上课，无形中就近学习了别的家庭的文化，也引爆更多的创意。而创意和多元文化，也是让潜能释放的因素之一。

自己创办夏令营和冬令营不需要花很多钱，因为包括我自己，家长们都是义务的，而且在夏令营或冬令营里，家长和孩子们都会分配到工作，又有表演，家长的潜能和孩子的潜能都会被开发出来呢！

例如，在每天的活动课程中，我还会教孩子们写作，把每天玩的内容写成文章，再由其他家长们教孩子们编辑，做成一份报纸。

当孩子们看到自己写的文章被编辑成报纸，那种喜悦和激动是难以描述的。你说，是不是人在被赏识的时候，他的潜能会更多地被激发呢？

第十一个方向，找出影响孩子的人。

当父母的，要随时知道谁在影响你的孩子，然后找机会去接近和认识这个人。

能影响你的孩子的人，一定是懂你的孩子的人，是能赏识你孩子

的人。借机去认识这样的人，向人家请教，怎样可以帮助孩子更好地开发他们的潜能。而开发潜能，一如之前我所说的，是与给孩子自由和选择的权力相关联的。

第十二个方向，和孩子一起动手做实验。

越是开放的父母，越有创新能力，胆量当然也就比较大。这样的父母愿意开放机会让孩子和自己一起做实验。

一个小小的东西，如果孩子对其多加注意，愿意进一步了解，就可以做实验。通过动手做实验，手脚的活动也会促进脑部的发展，增强孩子身体的协调性。

从实验中，孩子还学习了追根究底的精神，养成了实事求是的习惯，不会人云亦云，这不但让孩子的思维更清晰，分辨事物真相的能力也更强了。因为做实验时要观察，要动手做，还要分析、归纳，要继续追踪……所以，孩子的潜能自然而然随着做实验而一路发展到终生，对生命影响之大，可想而知。

7. 孩子的课后活动

在东方国家中的多数国家，例如中国和日本，孩子课外时间几乎全用来补习功课了。课后等于是课堂的延伸。孩子要补习的科目很多，数学和英文是最主要的科目，后来逐渐增加，变成科科都要补，孩子根本没有自由的时间去发展自己的兴趣，发现自己的潜能。

而西方国家，以美国为例，孩子课后的活动很多，最多的是球类和体操，让孩子的压力和过剩的精力通过运动而释放。还有，孩子从小就学会通过打工去赚钱，体悟自力更生的可贵精神。例如，小学时可能为邻居照顾猫狗，初高中可能是当保姆照顾小孩，为人送报、割

草，甚至到餐馆打工，端盘子、洗碗盘等。

我的儿子在高二时到德国当了一年的交换学生，那儿的学生和美国学生没有太大的差别，就是运动或做事，以累积自己人生的历练，体悟社会形态和生存的道理。我的儿子告诉我，在他所去学校所在的地区，当地的警察局甚至还为小区的高中生举办球类运动，让青少年学生放学后有机会运动和发泄精力，还可以降低犯罪率。

连警察局都加入了学生的课后活动，你仔细想想，这是为什么呢？

8. 失去玩耍的时间，孩子还是孩子吗？

在东方社会，孩子的时间几乎都被补习填满了。孩子一早起来去上学，放学后就直接去到各种补习班、才艺班，因为父母深信一句话"不能让孩子输在起跑线上"。

因此，父母爱得越多，就越想要给孩子全世界。可是，孩子毕竟还是孩子，他们的本性是玩，通过玩，孩子学习了和人的交往，培养了社交的能力。而玩，也让孩子的潜能释放出来。

玩，还是创新的门道。没有玩的人生，显然是很可怜的。

9. 顶尖学校又如何？

我的一位邻居告诉我，她的孩子从小在学校里就一直在老师的黑名单上，因为孩子爱玩不爱读书，而且很调皮。因此，她每次去参加家长会时，总要毕恭毕敬地向老师道歉，为自己孩子的顽皮和不好好读书而致歉。

她的孩子班上还有好几个孩子也都一样，都是爱玩的、调皮的，父母也都是要向老师道歉的人。

但就在孩子升上初中二年级时，班上来了一个很不一样的老师，思想很开放，很会欣赏孩子。这位老师到任后的第一次家长会，我的邻居依然主动向老师道歉，老师却不以为然，还对我的邻居说"要对孩子有信心，要乐观，孩子爱玩是件好事……"

总之，后来她的孩子上了一所公立高中，又考上了东吴大学，全家人都很开心。后来她的孩子假期回家时告诉妈妈，大学里有一个"制服日"的游戏，要大家在同一天穿高中学校的制服到学校。当时，她的孩子看到同班同学中有好几个是穿绿色校服的，也就是北一女中的校服（这所学校是台湾省最好的女子高中）。

"妈妈，那些穿绿色校服的同学很可怜，她们什么游戏都没玩过，什么都不懂，只懂教科书和考试。她们的人生是空白的。而且，更可怜的是，她们还不屑和其他学校毕业的同学一起拍照，她们自认为比别人更好更出色。优越感杀了她们呢！"

这位邻居对我说，她的孩子因为不爱读书，干脆要求父母让她游戏，让她随便玩。"什么游戏都玩，玩得很疯。直到有一天，她突然不想玩了，说要好好读书，要有一个高中念。就这样，孩子也没补习，就自己读书去了。而当初她班里被老师列入黑名单的那些爱玩的同学，有的人课后会花很多时间在图书馆看杂书，他们的父母也接受孩子对自己课余时间的安排，那些孩子后来有的还考上了台大医学院和台大法学院。"

由此，我们深信，给孩子时间玩，让孩子当孩子是很重要的。童年只有一次，不让孩子好好地玩，孩子还是孩子吗？长大后，孩子要面对许多挑战，能玩的机会就更少了。

我的两个孩子一路玩上来，他们从没有在放学后到补习班上课。后来，老大考上了建中，那是台湾省最好的男生高中。而女儿，转到美国读书后成为高中的荣誉毕业生。

让孩子当孩子，是人道。太早让孩子承担社会的现实，会挤掉孩子原本天生就有的一些才华，这不是很可惜吗？

而只有当父母的人拥有这个决定权：要不要让孩子当孩子。

10. 谁比谁更好

就像前面说的，那几个北一女中的学生上了东吴大学后，因为大学里的"制服日"活动，让同学们知道了，她们是来自于全台湾省最好的女子高中。而她们自认为自己比别的高中毕业的同学要更好、更优秀，所以她们不屑和同学一起拍照。

麦克米兰 (MacMillan) 英文网站上的字典对这种含有"自认为自己比别人好"文意的英文单词解释如下：

Pride（骄傲）：认为自己比别人好或比其他人重要。

Arrogance（优越感）：在举止行为上表现出你认为自己比别人更好或比其他人更重要。

Self-importance（高傲，妄自尊大）：相信自己比其他人更重要。

Superiority（优越，优秀）：在行为举止上表现出自认为自己比别人好或比其他人重要。

Condescension（高傲态度）：在行为举止上表现出认为自己比别人重要或比其他人更聪明。

Egotism（自我本位）：感觉自己比别人重要及需要别人对自己更多的照顾或重视。

Snobbery【（行为）势利，谄上欺下】：在态度或行为举止上表现出认为自己比其他人好。

Vanity（自负，虚荣心）：对于自己的能力太过自信或过度自我

的表现。

Narcissism【（精神分析）自我陶醉，自恋】：对于自己过度关注而漠视他人。

Ego trip（自吹自擂）：感觉自己的境遇非常重要，以及不断地宣扬自我……

看，一个英文字典网站，用了这么多英文单词来诠释"谁比谁好"。而从以上的单词，你有没有发觉到，所有的解释都是负面的字眼。换句话说，当你有"谁比谁好"的想法时，是负面的行为和潜意识在作祟，并不好。

事实上，不论过去我们做过什么样的事情，我们还是我们自己，我们并没有比别人好。

也许可以说谁比谁更聪明，谁比谁更有创意，谁比谁更强壮，谁比谁更快，谁比谁更仁慈，或谁比谁更有道德……但谁比谁更好呢？

美国第三任总统托马斯·杰斐逊是《美国独立宣言》的作者，他最骄傲的不是当过美国总统，而是他是《美国独立宣言》的作者以及美国弗吉尼亚大学的建校之父。他最可骄傲的事迹有二：一，在《美国独立宣言》中，他写道"所有的人都平等"，这个平等指的是权利的平等，是人的价值平等；二，创建了弗吉尼亚大学，并且亲自设计大学的建筑，还让大学生能够在自己设计的建筑里学习建筑。

杰斐逊是美国人公认的天才，而他从没有因为自己当过美国总统就觉得自己比别人好。

在教养上，父母要很小心不要陷入"谁比谁好"的误区中。当父母对孩子说"你比你的同学要好"时，你已经在孩子的脑袋瓜里播撒毒素了。这样的想法和说法，对孩子将来的人格发展非常不利，有时候甚至可能让孩子无法和其他人正常交往。

11. 接受孩子的差异

接受孩子的差异，是当父母的人一生必须不断学习的功课。

曾经有一个妈妈，人家都很敬佩她，因为她的一个儿子当了美国总统。而这位妈妈总是不忘告诉那些带着羡慕的眼神来访的旅客："我的另一个儿子是农夫，我同样为他骄傲。"

接受孩子的差异，就是这么一回事。

孩子的差异有很多种，几乎是各方面都可能存在差异。

① 个性不同，教养就不同。

最近我在读一本英文版的书《聪明女人知道何时说不》（Smart Women Know When to Say No），作者是凯文·李曼博士（Dr. Kevin Leman），他是美国非常出名的心理学家，以研究人的出生排行而导致个性和成就不同而出名。

在这本书中，他谈起人在兄弟姐妹中的排行不同，会导致人的个性和将来的成就不同。

完美主义者不完美。

很有趣的是，如果是第一胎或者是家里唯一一个孩子，他们的个性往往倾向完美主义，要强，主动，但个性严肃，缺乏弹性。他们喜欢掌控一切，喜欢什么事情都安排得妥妥当当，按照顺序来。而这种个性的人，当医生的可能性较大，尤其是外科医生居多。

如果是第二胎或是排行位于兄弟姐妹中间，他们往往喜欢社交，性格外向，富幽默感，容易相处。他们在家中的照片最少（都给老大照去了），他们喜欢和平，不喜欢与人竞争，不喜欢冲突，所以外交官中很多都是排行老二或排行中间的人担任的。

如果说老大的学业成绩是 A，那么老二的学业成绩可能就是 B。

因为二者重视的点不同，个性不同：老大是完美主义者，什么都要完美，要一百分；而老二秉持老二哲学，喜欢的是海阔天空。

以我的家人为例，我的妈妈排行老大，她是典型的老大性格，是一个非常要求完美的人，什么事情都必须按照她的方式去完成，否则她就一直念叨个不停。

记得在我还小的时候，每次碰到庆典时，家里要做各种糕点，我的爸爸只想尽快完成，所以把石磨推得很快。我的妈妈就一直念，说如果石磨磨得快，做出来的糕点就没那么细致好吃。而这一对夫妇，就为了石磨的转速问题，每次都要起争执。

我的爸爸排行老二，相对我妈妈的完美主义，爸爸的哲学是"快"，是"简单就好"。我爸爸的个性是崇尚海阔天空，他到哪儿笑声就传到哪儿，他交的朋友很多，可谓知交遍天下。

同样的，我的哥哥的个性和我这个排行老二的人也很不同，同样脱不出李曼博士关于出生排行对个性的影响的理论。

我的哥哥个性严谨，是完美主义的人。他的成绩一直是全校第一；他做事很认真，但不会玩，也不会交朋友。而我呢，刚好相反——我从来没有在成绩上拿过第一，也从来不想和人家竞争，我很爱玩，有很多朋友，虽然我一直喜欢学习，但我学习的目的不是要拿个好成绩。

李曼博士认为，人的出生排行对他的个性的影响，包括很多方面，是影响一辈子的事儿。

星座与教养。

我的妹妹着迷于研究星座与教养的关系。她在教养孩子时，万一搞不定，她就会去研究她的孩子的星座，然后告诉我，星座实在太准了，用星座来了解孩子、教养孩子很方便的。我的一位朋友也告诉我，她的两个儿子，老大是狮子座，不让别人管；老二是处女座，不需别

人管。所以，她在教养孩子的路上很轻松。

朋友解释说，狮子座是王者星座，喜欢当权威，不愿意给人管，还喜欢去管弟弟；处女座的个性是很完美主义，很龟毛（龟毛，闽南话，意为一个人非常无聊、无趣且认真，因而产生一些异于常人的行为，导致周围的人极度抓狂；或指人做事畏缩、不干脆；也可指人做事不果断、出尔反尔、拖拖拉拉，或超完美主义、鸡蛋里面挑骨头、过度拘谨等）。所以，当妈妈的她，从来都不必为孩子的教养烦心。

个性，会伴随人的一生；而人的发展，也不可能离开个性。教养更是要顺着孩子的个性去调教，当然不可能将一个模式用在所有不同个性的孩子身上。

因此，当父母的要花很多时间去观察孩子的个性。父母会看出，孩子的喜好也因个性而不同。

"顺势而为"，就是父母在孩子个性上所得到的结论。"顺着孩子的个性和兴趣去教养"，也就是说父母应用心观察并倾听孩子，从而找出好的教养方法。

② 正向教养。

爱孩子的理由。

有一个美国公司决定拿出一个工作日，让所有有孩子或孙子女的员工，都在同一天带他们的孩子或孙子女到公司上班，而公司为亲子或祖孙之间安排了许多有趣的活动，其中有一个活动是，让爸爸妈妈或爷爷奶奶在一张宽3厘米、长5厘米的卡片上，写下他们喜爱他们的孩子或孙子女的两个理由。

当主持人念出每个孩子的父母或爷爷奶奶爱他们的两个理由时，他们发现那些孩子的自尊心立刻增强很多。他们侃侃而谈自己在某方

面是多么的棒。相对地，那些没有听到父母或爷爷奶奶写下两个爱他们的理由的孩子，看起来很沮丧、消沉和不自信。

这个活动结果，大大震惊了负责这个特别活动的工作人员。他们亲眼见证了正向教养对孩子的良好影响——迅速提高了孩子的自尊心。而自尊心，其重要性不亚于人的命根子。自尊心强的人容易快乐，也容易成功；相反，自尊心弱的人，他的生活是不安与拘谨的，是不快乐的、缺乏自信的。

三大教养，你是哪一种？

我在美国大学就读时，修了儿童心理发展学的课，谈到父母的教养方式有三种，包括威权型（Authoritarian）、权威开明型（Authoritative）、宽容娇宠型（Permissive）。

威权型的父母，在教养上订下严厉的规则，要孩子严格遵守。对孩子不遵守规则的行为施以严厉处罚，但对于好的行为却没有表示，认为好的行为是应该的。孩子在这种威权型教养下，自尊心较弱，日后也容易出现攻击性行为。这是属于偏保守型的教养。这种教养方式，在中国的父母中较为常见，尤其是 20 世纪 70 年代以前出生的人。他们成为父母后，很容易采取这种方式教养孩子。而 20 世纪七八十年代以后的人，因为接受到很多开明的教育思想，并且他们多数是独生子女，所以秉持这种教养方式的人已经没那么多了。

宽容娇宠型的父母，就是放给孩子的自由很多，却没有给孩子订定明确的规则，导致孩子言行举止没规矩。所以，等孩子到了学校那种严格规范的地方，就会有无所适从的感觉。因为孩子没有明确的对和错的界线，会感到不知所措，不知道如何去遵守学校的规则。同时，这种教养方式，使孩子不知道什么是好的行为，什么是不好的行为。

相对于威权型和宽大娇宠型的教养，有一种更为合理的教养方式，叫做权威开明型，这就是我们现在要谈的正向的教养。

权威开明型的父母会给孩子设立规则，并且以身作则。在孩子有好的行为时就奖励，有错误或不好的行为时就以正向的方式和态度去引导孩子。

这样，父母开放了自己和孩子沟通的桥梁，和孩子讲清楚什么是好的行为，什么是不恰当的行为；也和孩子讨论，让孩子讲述自己如何跟从会比较妥当。例如，看到有人手里拿着一堆东西而不小心掉了下来，就教导孩子上前帮对方捡起来；又例如，告诉孩子在打开门时要注意后面有没有人跟上来，如果有人跟在后面，就要继续将门扶着，让对方可以进来，而不是让门撞到后面的人。

正向教养的处方。

教养孩子时，对好的行为及时鼓励，对不好的行为就用正向的方式和态度去引导改进，让孩子知道自己不好的行为可能会伤害到别人。在彼此开放的讨论中，孩子有机会说出自己的想法，也比较不会隐瞒自己的行为，这样父母会更有机会参与孩子的成长。

而且，一个在被尊重的家庭环境中长大的孩子，也容易尊重别人。尊重别人和自己的不同，接纳别人的不同，从而养成更宽大的人格和思想。例如，孩子知道了人的个性有很多种，外向的人可以接纳内向的人，而内向的人应该接纳外向的人。这样，孩子到哪儿都能与人和平相处，不至于到哪儿都看人不顺眼，动辄想骂人或和人打架。

正向教养的父母都知道，没有两个孩子是一样的，所以父母会尊重孩子特有的人格特质，而不是以自己的成长方式来复制另一个自己。当然也不会硬要将个性内向的孩子转变成外向，或者将外向的孩子转变为内向。我的妈妈一辈子都在致力于将我变成我哥哥那样内向的人，但是她到现在还没有成功，因为我的本来个性就是外向的。

而权威开明型的父母也不会将孩子拿来做比较，他们懂得应该让孩子做自己，尊重孩子的个性，引导其往自己的优势去发展，同时也接受孩子较弱的一面。这样的父母知道，每个人都有自己的长处，也一定会有短处。

正向教养的好处。

正向教养的好处是，孩子在成长过程中，学到了正向的思维和态度。长大后，他们的行为和人生也朝向正向的方向发展。孩子无形中养成了诚实、正直、完整的人格。

在正向教养下长大的孩子，很容易与人相处，到哪儿都可以随遇而安，能够和来自不同背景的人接近，也比较不易和威权相冲突，在社会上能遵守规范。同时，在这样的环境下成长的孩子，机会特别多，发展的空间较大。因为，他们走到哪儿都可以与人相处得好。

这个世界，不就是人的世界吗？一个在正向教养下长大的孩子，会做明智的决定，也会在自己的领域下发展得好。在修养上，会比较冷静从容。

正向教养的好处数之不尽，相反地，一味责备孩子，孩子的心情总是沮丧的，该听的话也听不进去了。这样的父母想要对孩子有所影响，当然就困难重重。

③ 管教孩子的哲学。

一个人从哪儿来，到哪儿去，会变成什么样的人，都是有迹可寻的。古人说"三岁看大，七岁看老"，我想那是有点夸张了，但其中的意思是没错的——看教养，就知道孩子将来会成为什么样的人。

培养独立的意识。

关于管教孩子的哲学，也许每个家庭的看法都不一样。但教养孩子成为独立的成人，给社会做贡献，应成为家庭教养的主要内容。

要教养出具有独立人格的人，先得培养孩子做决定的能力，包括可以不同意父母的权威，这表示孩子真正地具有独立思考的能力。

独立的人格，包括的范围很广，但尊重是前提。孩子可以做关乎他们自己人生方向的决定，而不是完全听父母的话，照着父母要求的方向走。换句话说，父母应尊重孩子的选择，包括他们对未来要走的路的规划。传统观念认为，孩子毕业后去做医生或律师是最好的选择，但是，难道所有的孩子都应该不顾自己的兴趣和所长而去从事这两个职业吗？显然这种想法是很可笑的。

什么叫独立的成人？当然是要能够自力更生，能提供自己生存所需，能够为自己的生命思考。

而独立的成人，就是要为自己的行为负责任。因此，西方的父母会对孩子说：如果你们做了愚蠢的事情，那么你们得承担相伴而来的后果，这就是为自己的行为负责任。

例如，父母在要孩子做事情时，不是只教孩子如何去做，而是一定要解释清楚为什么要去做这件事，以及不做这件事情的后果。

为什么孩子必须要从小学习煮饭做菜、洗衣服、打扫卫生，甚至学习理财？因为这些都是一个人独立的条件。孩子只有学会了这些技能，将来长大了自己才能过得好，父母也不用过多地为孩子生活操心。

有一个妈妈在开车接送她的正在上小学的孩子时，看到几个小朋友正在拿石头往交通标志上扔。这位妈妈立刻现场对孩子进行教育："当你破坏公物时，纳税人就需要付钱来修理这个交通标志。而这个交通标志需要花多少钱来修理呢？纳税人是不是很不愿意掏钱来修理被小朋友毁坏的交通标志呢？"

这样抓住合适的机会进行教育，让孩子懂得——交通标志坏了，纳税人就得付钱。而纳税人包括父母等所有的成年人，他们不应该为

孩子这种调皮行为买单。

从独立讲起，可以延伸到很多方面，成年人需要的所有精神、能力及态度，都是从独立训练开始的——有自信、自我尊重、完成生活中的大小事、养活自己……

与人相处的黄金法则。

黄金法则（Golden Rule or Golden Law）说的是——你要人家怎么样对你，你就要怎么样对别人（One should treat others as one would like others to treat oneself.）。

对每个人来说，"黄金法则"是永恒不变的道理，不论你是什么种族、什么肤色、什么宗教信仰……

从远古时代，"黄金法则"就有了。在中国，孔子、墨子的学说中，以及佛教的教义中，都可以看到它的影子。在古埃及、古希腊、古罗马等国，不分宗教，都将"黄金法则"列为最基本的做人的道理。

现在我们来看看孔子是怎么回答他的学生子贡的问话的。

子贡问孔子："有一言而可以终身行之者乎？"（意思是，有哪一句话是可以一辈子都奉行的吗？）

孔子说："其恕乎！己所不欲，勿施于人。"（意思是，那就是"宽恕"吧！你不喜欢，就不要施加给别人。）

孔子的回话，表述的就是"黄金法则"——你要人家怎样对你，你就要怎样对人。

把"黄金法则"作为教养哲学来管教孩子，绝对错不了。例如，可以教孩子，你喜欢人家对你有礼貌，你也要有礼貌地对待别人；你希望人家对你慷慨，你也要对别人慷慨；你想要人家帮助你，你就也要帮助别人；你希望人家对你说话轻声细语，同样的，你也要对人家轻声细语地说话……以此类推。

父母要教给孩子：如果你做错了，你应该从错误中吸取教训，学习经验。例如，对人家不好，不礼貌，要勇于向对方道歉，要反省自己，并从这次的错误中学习到正确的态度。如果对方态度不善，你要给人家第二次机会，毕竟，我们都是人，都会犯错。但不用给他第三次机会，给第三次机会是愚人也愚己。

与人相处的白银法则。

白银法则是相对于黄金法则来的。黄金法则指的是正向地对待别人，而白银法则则是负向地对待他人。

"你不要人家那样对你，你也不要那样对待别人。"（One should not treat others in ways that one would not like to be treated.）

例如：你不想要人家打你，你也不能打别人；你不想人家偷你的东西，你也不能偷别人的东西……以此类推。

更多祝福。

有一位美国的牧师，因为儿子离家出走三四年毫无音讯而找到心理咨询师咨询。咨询师说："这么多年来，你一直在诅咒你的儿子。"

起初，牧师很讶异和不解为何咨询师这么说，但旋即了解了咨询师的用意——"你一直在诉说你的孩子的不好，在挑剔他，却从来没有祝福他。"

从那天开始，牧师依据咨询师的教导，回到家后，和太太开始探讨孩子的优点，逐一找出孩子的好，从小到大，不漏一丝一毫。

10天后，牧师突然接到儿子的电话。在电话中，儿子说："爸爸，我不知道为什么我会打电话给你。我就只是想打电话给你。"

牧师一改从前的态度，说："谢谢你打电话来。不知道你愿不愿意，这个周末和我一起吃午餐？"

儿子同意了。后来，儿子穿着破破烂烂的衣服出现在餐厅里，牧师没有像以前那样骂他，或者批评孩子的穿着，反而说很高兴看到儿子。那顿饭，父子吃得很愉快。爸爸一直在倾听儿子在外流浪的故事。

然后，儿子问："爸爸，今晚我可不可以回家过一夜？我只想看看我那张旧床，也想看看你和妈妈过得好不好。"

祝福孩子，是打开父母和子女沟通的门。用祝福来教养孩子，父母也同时被孩子祝福了。

没有什么比责任更重要。

泰坦尼克号在 1914 年撞到冰山而沉船后，除了几度拍摄成电影外，也流传着许多可歌可泣的故事。而最感动人的居然不是爱情，而是责任。谁对谁的责任呢？

泰坦尼克号是当时世界上最大的船，也是最豪华的船。船上搭载着最有钱和最没钱的人。最有钱的人包括美国最大的百货公司梅西百货的创始人，以及证券市场上最富有、影响力最大的人。最没钱的人包括这些富人的佣人，和那些在家乡活不下去，要移民到美国求生存的在三等舱栖身的下层老百姓。

而责任，是从古至今流传下来的，强者保护弱小的责任。弱小指谁呢？通常指女人和小孩。

因此，在救生艇不足的情况下，船长下令，在泰坦尼克号即将下沉时，只有女人和小孩可以搭上救生艇逃命。

一艘载有两千多人的船，最后被救出存活的约八百人，死亡的人数约一千五百人，而在被救的人中，只有一人是船上的高级工作人员。

当时有胆小的男人打扮成女人妄图混上救生艇被发现了，船长拿着枪威胁他，若不离开救生艇，就要给他一枪以毙命。有些男人因已年老，被同意可以上救生艇，但他们却主动放弃了，把生存的机会让给女人和孩子。还有些人地位显赫，本有机会逃命，他们也拒绝了，说首先要保护女人和小孩。

为什么会这样呢？因为大家从小被父母教导，责任比什么都重要。而在灾难发生时，作为一个人，他的责任就是要保护弱小。

有少数壮年男子，通过装扮成女性混上了救生艇，其中一个是日本人，后来他被日本媒体公布在报纸上，结果被大家口诛笔伐，活得非常没尊严，十年后郁郁寡欢地死了。

教养孩子什么是责任非常重要——包括对自己的责任，对社会的责任，对人群的责任。负起自己的责任，是让人类活得更有尊严、更高贵的一种价值观。

学会给予。

有一个穷人问佛："我怎么那么穷？"

佛说："因为你没有学会给予别人！"

穷人纳闷了，说："我那么穷，什么都没有，怎么给予别人呢？"

佛说："无论你再怎么穷，也能给予别人五样东西。"

穷人这时候更困惑了，自己吃不饱，穿不暖，还能给予别人五样东西？难道自己是很富裕的人吗？所以，穷人再问佛："究竟我能给予别人什么？"

佛说："这五样东西，都不必花钱去买，就在你的身上。一是颜施，就是脸上带着微笑对人，给予别人笑容。二是言施，嘴巴说出来的话，要多鼓励、赞美和安慰别人。三是心施，就是把自己的心对别人诚诚恳恳地打开来，以真诚对人。四是眼施，给予别人你善意的眼光。五是身施，就是用你的行动去帮助别人。"

给予，是一种慷慨，而慷慨的人不会穷。教导孩子给予，孩子会得到更多。

请让爸爸妈妈知道。

有哪些事情，是父母需要知道的呢？请告诉孩子们：

你如果有问题或困难，请一定让爸爸妈妈知道。

如果你需要晚归，请让爸爸妈妈知道。如果晚归是有正当理由的，他们不会刁难。爸爸妈妈不会给你订下严厉的规则，除非你滥用他们给你的自由。

在学校不可以和人家打架，也不能欺负比你弱小的人。若有人持续欺负你，请让爸爸妈妈知道。我们会和老师联系沟通解决这个问题。

要尊重老师。如果老师不尊重你，请让爸爸妈妈知道。

如果有人对你不好，要去了解为什么。试着沟通，学着解决问题，但打架不是解决问题的方法。

不论什么，请让爸爸妈妈知道，但也请告诉他们实话。爸爸妈妈会尽量协助你渡过难关。

不要说谎。说谎是很辛苦的，因为说了一个谎，就需要说另一个谎甚至很多谎去掩盖。并且，说谎被揭穿后就得不到别人的信任了。如果你忍不住说谎了，要赶紧刹车，并让爸爸妈妈知道。

处理好两宝之间的关系

1. 制造四口之家的良好体验

我有些美国朋友会在宝宝刚从医院回家时，特地安排全家一起在同一个房间睡一晚，大家尽情地聊天。老大觉得能有这么特殊的机会，能和爸爸妈妈睡同一个房间，是不一样的经验，心情非常愉悦，当然也就会喜欢带来这个机会的弟弟或妹妹了。

制造良好的体验，是让人持续喜欢某人的因素。

2. 善意提醒到家里探望新生二宝的亲友们

我到美国朋友家里去看婴儿时常会被主人叮嘱："请带一份礼物给我们家的大宝。也请抵达我们家时，先和大宝聊天。"

我觉得那样的叮嘱很好，让大宝首先得到所有来访的人的关心与注意。因此，你们也可以提醒到访的亲戚朋友们，刚抵达家里时，请将注意力先集中在大宝身上，问问大宝，当哥哥或姐姐的感觉如何？

并称赞大宝当哥哥姐姐的态度或小故事，当然这些需要父母费心先做做宣传，将哥哥或姐姐的行为告知亲戚朋友们。这样大宝不至于因为大家的目光都集中在小宝宝身上而失落。否则的话，众人焦点都只集中在小婴儿那里，对于大宝来说就是一种"喜新厌旧"，那颗刚刚升级为哥哥姐姐的小朋友的心就被无意中伤害了。

一个因新生儿来临而被伤了心的人，怎么会喜欢弟弟妹妹呢？

3. 多对二宝夸奖老大，即使二宝其实还听不懂

二宝出生后，当我为她换尿裤、洗澡或为大宝读书时，也会对二宝说："看！你的哥哥多么厉害，多么聪明啊！他都自己洗澡哩！你的哥哥还会自己穿鞋子、系鞋带，连衣服都是自己穿的呢！"

或者是："妹妹呀，哥哥什么事情都自己来，你长大了，得向哥哥学习喔！"因为老大就在旁边，当他听到妈妈这样对妹妹说，很容易、很舒服地就会接受妹妹了。

4. 不要对大宝抱有过高的期望值

在对大宝说话或提要求时，务必考虑到孩子的实际年龄。期望太高或太低，都不适宜。而且，父母不能假设孩子什么都懂，却故意不听。

父母对孩子说话时的态度、语调及说词，都要在心里反复想想再出口，千万别认为大家都是一家人，或者认为对方只是个孩子，说话就不经大脑，或者大声嚷嚷。养成轻声细语说话的习惯，那么孩子无论对弟弟妹妹，还是与外人说话，自然也会轻声细语，非常有修养！

5. 创造机会单独带大宝出门

有时候我需要外出买东西、散步或运动，就会把二宝留给爸爸照顾，而我只带着大宝一起出门，让他有时间和妈妈独处。每逢这时，孩子总是特别开心，感觉妈妈又只属于他一个人了。

母子独处，当然和妈妈与两个孩子在一起是不一样的。像这样的时刻，我都会在路上买他喜欢的食物或玩具给他，缓解一下孩子夹在"三明治"中可能产生的落寞。毕竟，他也没长二宝几岁，他也还是个孩子。

二宝九个月大时，我们排除万难，将她交给亲人照料，夫妻两个带着老大回国旅行了二十几天。这段旅途就只有我们三个人，一路搭船或火车，看到各种历史古迹和美丽的自然风光时大宝都雀跃不已。

在照顾妹妹一段时间后，大宝感觉爸爸妈妈的时间又全部给了他，那样的欢喜令人动容。旅程结束，他的心情很好，对妹妹也更珍惜了。

6. 避免负面字眼

如果父母将照顾二宝的工作当成家事来处理，规定大宝必须帮助爸爸妈妈做家事，甚至责备大宝没有尽心尽力地协助照顾弟弟妹妹的工作，就会让老大心生不满，觉得照顾二宝是一个讨厌的工作，甚至连带会讨厌弟弟妹妹。

例如，妈妈要大宝帮忙拿尿裤给妈妈时大喊大叫，甚至说："你没听到妈妈在喊你拿妹妹的尿裤来吗？为什么那么懒惰不帮忙……"

这些负面的字眼要小心避免，因为那会成为大宝不喜欢二宝的原因。想想看，大宝也还只是一个小朋友而已，你是不是对他期望太高？

7. 即使优先照顾二宝，也别忘了老大的感受

有了新生婴儿后，父母常常会以新生婴儿为优先处理对象，这时候老大就得耐心地等着妈妈，对小朋友来说，这不会是件舒服的事儿。

因此，有时候我会对二宝说："每次都是哥哥等你，这回让哥哥优先，你得等哥哥一下，让妈妈帮哥哥一下再回来帮你。"

8. 接受大宝主动帮助照顾二宝的好意

有些大人会觉得孩子太"鸡婆（闽南语，泛指好管闲事、多嘴）"，在爸爸妈妈为小婴儿换尿布或洗澡时，主动表示要帮忙，结果却是在一边碍手碍脚，于是对孩子喊："你不给我添麻烦就好了，走开！"或"等你长大会干活了，看你还愿不愿意帮忙？现在别帮倒忙了！"……这种说法很不恰当。

给孩子机会参与帮忙照顾小宝宝，但不要硬性强制，让孩子在学习照顾别人时，也学习等待和分享，同时逐渐接纳弟弟妹妹。

人，都是从做中学习的，这些时候都是孩子观察和学习父母做事情方式的时候，记得要把门打开，让大宝有机会参与。

你可以这样说："谢谢你，有你的帮忙真好。你愿意帮妈妈把干净的尿裤打开吗？请你帮妈妈把换下来的尿裤拿到垃圾桶好吗？"

9. 教给大宝如何照顾二宝

即便照顾小宝很忙，父母也要每天都腾出一点时间陪大宝，玩游戏，讲故事，读书等。父母可以分工合作，或者在照顾小婴儿的同时讲故事给大宝听。然后，请大宝将听到的故事再讲给小婴儿。这样，

既训练了孩子的专注力和语言组织能力，对大宝的成长有很大的好处，又可以加深兄弟姐妹的感情，可谓一举两得。

在我的女儿出生前，我让老大参与帮助妈妈打包行李送到医院的工作，而且，在我出院后，他又参与了所有照顾妹妹的工作。

例如，洗澡时，我宁可多花些时间，让老大用小海绵帮妹妹洗澡。他拿着小海绵在妹妹身上刷着，又抹上婴儿沐浴乳打出泡泡。既是在帮妹妹洗澡，又像是在玩。

在我喂女儿母乳时，他也没闲着，会帮妹妹将乳头放到她的嘴里，还嘟囔着鼓励妹妹要多吃奶才会长大。在换尿布和纸尿裤时，老大也忙着拿尿布、尿裤，又拿纸巾帮忙擦拭。

"妈妈，妹妹哭了。"有时候儿子在陪着妹妹玩时，如果妹妹哭了，他也会手足无措。

听我妈妈说起，虽然我的哥哥只比我大两岁，但我出生后，妈妈甚至让哥哥负责摇摇篮的工作。不知道后来我的哥哥成为一个很负责任的人，是否与从小就协助妈妈照顾我这个妹妹有关。

让老大参与帮忙照顾老二，是个训练责任感的好机会，参与也会带来成就感，可使老大觉得自己真的长大了。另外，这段时间的照顾，还会加深哥哥对妹妹的爱。

10. 孩子的火眼金睛

有一次，我从厦门旅行回来，给两个孩子都带了礼物。女儿喜滋滋地玩着她的礼物，还不忘瞄一眼哥哥的，并且不经意地说："怎么等级差那么多？"

喔，原来她认为我给哥哥的礼物比给她的礼物要贵重！我呢，马上训练有素地说："还有一个礼物还没拿出来给你呢！"然后赶紧拿

出一个从美国带回来的英文单词游戏送给她。其实，那个英文单词游戏原本是我买给自己玩的。

当父母的人，要随时准备备胎，以防孩子觉得父母偏心哦！你说，孩子都已经长大了，怎么还这样？没错，这就是孩子。既然孩子愿意说出口，就表示我们之间没有太大障碍。

11. 不要去比较孩子

做比较，是人性之一，很难避免。但是，比较是有条件的。在某些条件下可以比较，例如两个三角形，一个大，一个小。我们可以说，这个三角形比那个三角形大。又例如两个城市——北京和天津，我们可以说，北京比天津大，北京的人口比天津的人口多。

这样做比较，可以理解，也能接受。

但是，如果是鸭子和狗，两种完全不一样的动物，可以拿来做比较吗？不行。

同样的，苹果和桃子虽然都是水果，也有那么一点相似，但它们的营养成分不同，营养价值也不同，吃起来的口感更是迥异。

再说得更深入一点，苹果的种类很多，单就颜色分就有绿色、红色、粉红色、黄色，还有混色的。而以大小来说，有不同尺寸的苹果，有的苹果很大，吃一颗就饱了；也有些苹果很小，要吃好几个才有饱腹感。除了颜色和大小外，苹果的味道也不尽相同：有纯甜的，有酸甜偏甜的，有酸甜偏酸的，还有酸中带涩的……

美国是个大量出产苹果的国家。当年，胡适到美国的大学读农业研究所时，他的教授曾在课堂中，要求学生分辨不同的苹果。当地的学生在当地长大，各种不同的苹果都吃过，很快就挑选出不同品种的苹果来，并标上各种苹果的名字。

胡适呢？他生长在不出产苹果的地方，只知道苹果就是苹果，不知道苹果还有那么多品种，当然也就没有辨别的能力。他感觉农业读不下去了，一个连苹果种类都辨别不出来的人，读农业谈何容易？

后来胡适转系学文学，学哲学，坚决不再回头去搞农业。

从胡适在美国求学的经验，我们知道了——同样是苹果，也有很多种，根本无从比较起。而苹果和桃子就更不一样了，是完全不同的物种。

好吧，现在，你怎么样去比较苹果和桃子呢？

记得，想比较之前，要先拥有常识，相同的可以拿来做比较，不同的是无法做比较的。

每个孩子都是独特的，都是唯一的，都与众不同。既然与其他人不同，父母当然不能拿孩子来做比较。

所谓"独特"，意思就是特别的，有自己的个性，自己的品味，自己的想法，自己的长相，自己的天赋，自己的喜好，自己的要求，自己的期待……

机器压出来的成品，是用同一个模子做出来的，所以很难挑出不一样的来。而孩子，是和机器成品不一样的，孩子是独一无二的，你不可能找到和这个孩子完全相同的另一个人。

既然如此，你怎么能将孩子拿来和其他孩子做比较呢？

因此，下次那些不合逻辑的话，如"你的哥哥比你聪明，都考双百，你怎么那么笨！"或"人家某某某会赚很多钱，为什么你赚那么少？"……这些话就别出口了。

比较，影响兄弟姐妹间的感情。

我的妈妈是个很传统的人，一辈子都住在乡村，说法和做法都来

自于传统。而在教育子女的传统中，有一个非常糟糕的做法就是比较。

她常常对我说："你的哥哥那么乖，都不出门；你怎么那么野，跑得看不到人？你就不能学学你的哥哥吗？"

后来，哥哥和我都入学了。我的爸爸妈妈都有着重男轻女的思想，何况我哥哥很会读书，每次都是全校第一名，他们当然非常以我的哥哥为荣。

对我，我妈妈的说法是："女孩只要会做饭煮菜、打扫家里、照顾孩子、伺候丈夫和公婆就够了。男孩不同，他们要成就自己的事业……"

而在我的妹妹和我之间，她的比较是："你的妹妹比你能干，比你会做家事，比你会做菜，比你会洗衣服，也比你漂亮……"

从小，我对妈妈在孩子之间的比较心态，就不以为然。我丝毫不被妈妈的比较所影响，还是照样在外面跑，照样爱玩，爱交朋友，爱游戏。我还是不喜欢做家事，也没有学会把家事做得很好。但是，我做的菜很健康营养，而且简单；我的家，也因要经常打扫，所以陈设非常简单，因此我有许多时间做我爱做的事，如我爱读书，爱写书，爱听音乐会，也爱看电影、京剧、歌剧……

虽然不受妈妈拿孩子互相比较的影响，但我深深地感觉到，妈妈的话使得我和兄弟姐妹之间的关系和情感，难免会产生一点隔阂，有一些怪怪的感觉。

我的一位美国朋友说，这辈子即使不再和他的妹妹相见，也不以为憾，这就是他的妈妈多年来拿他和妹妹做比较的恶果。

父母爱比较，甚至破坏了兄弟姐妹之间的亲情。让兄弟姐妹之间只有血缘却没有感情，这不是人世间最大的遗憾吗？

本来在同一个屋檐下长大的人，有相同的父母和童年经验，理应更亲近才是，如果反而疏远了，则可能都是父母之过。

12. 性别和个性，究竟哪个因素的影响力更大？

大家普遍觉得第一个孩子若是女生，那么当妈妈的就会轻松些，因为姐姐会照顾弟弟和妹妹，爸爸妈妈教养老二的工作有人分担了，压力自然减轻不少。反之，哥哥就不一定会如此了。

很多的情况下，的确是如此。这可能与女性本身的利他本性有关。

因此，若老大是女儿，那么不论老二是弟弟或是妹妹，情况不会差太多。"长姐如母"还是有一定的道理的。

若老大是儿子呢？

哥哥让我自生自灭。

根据我妈妈的说法，当我的哥哥三岁时，我出生了。我的妈妈带着两个孩子到田里工作，而才三岁的哥哥，就要负责照顾妹妹的工作，也就是当妹妹哭闹时，他就得摇摇篮。

这是我妈妈的说法。但从我懂事开始，我就没有看见哥哥照顾过我。他总是任我自生自灭。也许，是因为哥哥的个性偏于内向，而我的个性外向，两个人个性相反，根本配合不来。

妹妹照顾哥哥。

再看我的孩子，老大是儿子，老二是女儿。从孩子小的时候，我就教老大要照顾妹妹，但是实际情况呢？

绝不！

我的儿子和女儿两人相差将近五岁。哥哥上小学时，妹妹上幼稚园，两人同校。早上我开车送他们上学，下午放学时，我让他们兄妹一起搭公交车回家，由哥哥到幼稚园接妹妹回家。

有一次，哥哥回到家了，居然问妈妈："妹妹呢？"

"什么，你没有接妹妹回家？"我着急地问。

他愣了一下，立即拔腿搭公交车去幼稚园接妹妹。这种情形，若是换由姐姐去接弟弟或妹妹，发生的概率将非常低。

再来看看他们一起搭公交车回家的情形：哥哥是小学生，当然得背书包上下学；而妹妹是幼稚园生，没有书包可背。

我常看到兄妹下了公交车时，是妹妹背着哥哥的书包一起回家。

我问他们，为什么会这样做？

妹妹抢先说："哥哥说，如果我帮他背书包，他会买糖果给我吃。"

好，现在看看他们兄妹是怎么买糖果的。

两人到了我们家附近的杂货店门口，哥哥说："妹妹，先用你的钱来买糖果，以后再用哥哥的钱买好不好？"

平时，我都会给孩子们一些零用钱，让他们万一在学校出了状况，可以应个急，至少可以打电话回家。

哥哥真会精打细算，要妹妹帮他背书包，又要妹妹先用她的钱买糖果兄妹共享。你说，天下有这等不公平的事吗？

不过，对于兄妹手足来说，他们两人是"一个愿打一个愿挨"，感情还甚好。那么这种情况下，父母不介入比较好。

当哥哥在美国上大学时，妹妹也来美国和哥哥一起居住，她上的是初中。你以为身为大学生的哥哥会照顾身为初中生的妹妹吗？

才不！女儿告诉我，是她做饭给哥哥吃的。我问妹妹，为什么会如此？

"哥哥说他懒得下厨。妈妈，我从小就跟你学做饭做菜，这些事情一点也不难。没关系啦！妈妈，这样哥哥和我都有饭吃。"

你以为我教养儿子和女儿的方法和态度不同吗？不！兄妹两人从小都要学习下厨，连绑粽子的事情都会做，何况烧饭做菜呢？

但到头来，是妹妹在照顾哥哥，并不是哥哥照顾妹妹。

再回头看看我的哥哥和我。当我从中部上台北念高中打工时，我的哥哥已经在台北两三年了。我们都离乡背井，你以为我的哥哥会照顾我吗？

没有。在我的记忆中，只有一次，那是哥哥带我去台北西门町电影街看电影，是斯蒂文·斯皮尔伯格导演的《大白鲨》。以后，就没有了。

我的大姑妈的孩子中，老大老二都是儿子。两个男生一起玩游戏，枪、剑什么的。他们只是一起玩，也不是哥哥照顾弟弟。

虽然男生女生不一样，但与其以性别差异来教养孩子，倒不如以个性来权衡更恰当。每个孩子的个性都不一样，为人父母者，应当多花时间去了解孩子的个性，那是与生俱来的，谁也改不了本性。

在教养时，从孩子的个性下手，顺着孩子的毛摸，这是爸爸妈妈所能做到的最好的教养。

13. 孩子是互补的

20 世纪 80 年代，美国芝加哥有一个心理学者罗伯特·普罗明（Robert Plomin），以研究双胞胎及行为遗传出名。他著作很多，其中有一本书是《为什么兄弟姐妹大不同》。

根据普罗明的研究，人体特性中有三项：长相、智力和个性（Physical characteristics, intelligence and personality），出自同父母、同家庭、同教养的兄弟姐妹，其中会有两项雷同，但另外一项会非常不一样。

长相和智力，大致上会比较近似，即使有差异，也还找得出相像的地方。唯独个性，有时候就算是兄弟姐妹，个性也大相径庭。根据

他的研究，个性上大致只有 20% 相似，更多时候是内向对外向，慢性子对急性子，诸如此类。

为什么会这样呢？

普罗明和其他研究者共同研究，从两方面着手，一个是从个性上去研究，另一个是从环境上去研究。他们的研究结果是：这都是环境使然。是环境，让出自同一个家庭的兄弟姐妹不一样。可是，为什么同一个家庭，同一对父母，相同教养方式养出来的孩子，会如此天差地别呢？

压力导致的分歧。

达尔文学者弗兰克·萨洛韦（Frank Sulloway）针对生物学家达尔文的《物种的起源》中的进化论研究发现，分歧的角色关键是竞争关系，竞争让人走向自己的路，从而发展出属于自己的一条路。

因此，兄弟姐妹中，如果老大学习成绩很好，很会读书，那么弟弟或妹妹往往走向不一样，可能在运动上很杰出，或者有艺术才能，总之就是会避开老大的优势。而若姐姐打网球打得很好，弟弟或妹妹在这方面就不一定好，他们会在另一方面找出自己擅长的，再去发展。

我家的情况正是如此。我的哥哥从小读书都是第一名，他是我父母的骄傲，但我从来没有想要在读书上得到第一名，反倒是在社交上很出色，朋友多，活动多。

我的儿子很会考试，而且他压根儿不需要努力读书，反而花很多时间在弹琴和阅读武侠小说上，但他一上考场，就可以轻而易举地拿到很好的成绩。相反地，我的女儿就曾经向我抗议，她得辛苦读书才能拿到好成绩。

这并不是她的智力比哥哥差，而是心理上无形的竞争压力所致。后来我的女儿转到美国去上学，结果在美国的高中还成为荣誉毕业生。成绩如果不够好，怎么可能是荣誉毕业生呢？

萨洛韦也以自己的家庭为例诠释了这个竞争现象：他的哥哥从小打网球打得非常好，后来还成为网球职业选手。而他自己一直打不好网球，直到高中时他发现自己在田径方面很出色。找到自己的路后，他就朝着那个方向去努力，和哥哥成为完全不同的人。

看似相同的环境，其实不同。

表面上看，兄弟姐妹在同一个家庭出生，难道不是教养相似、基因相同、环境也一样的吗？其实，因着年龄不同，所以成长的时间点不同，就会造就完全不一样的人。

美国费城州立大学（Pennsylvania State University）的社会研究学者苏珊·麦克海尔（Susan McHale）博士指出，当一个人比自己的兄弟姐妹晚3~5年出生，这段时间足够父母的生活、工作以及思想发生很大的变化，其实对于兄弟姐妹来说，就像出生在不一样的家庭一样。

"还有，父母对待子女的方式与态度也不可能完全一样，虽然父母都努力做到一碗水端平，但其实还是会不一样。"麦克海尔教授研究得出，父母想做的和父母真正做出来的，其实是有差距的。另外，她还指出，孩子的需求也不一样，而这个不一样来自于孩子本身的个性，因此，父母对待子女也会不一样。

差异造就不同未来。

例如，两个兄弟姐妹，一个是外向的个性，另一个是社交能力很强的人。但在家里，本质上个性外向的那一个，因为碰到了社交能力很强的兄弟姐妹，对比之下，父母可能就会认为原本个性外向的人是内向的。因此，外向的孩子在家里是内向的，但到了外面，他才恢复

自己的本来面貌。

例如，我认识的两兄弟，汤姆和艾力克，两人相差七岁。从小，两兄弟对事情的看法就不一样，对哥哥汤姆来说，一张一元美金的钞票，就是一张纸，可以从口袋拿出来点火；但对弟弟艾力克来说，那张钞票就有了价值，可以买东西，是财产。兄弟两个都无法了解，对方为什么不能理解自己对待一张钞票的想法和感觉。

后来，哥哥成了艺术家，弟弟成了理财专家；哥哥不去教会，而弟弟每星期日都去教会。从对一张钞票的态度，就可以看出兄弟二人的差异，这差异造就了两兄弟的个性和未来发展也完全不同。

互补性从差异而来

从以上心理学者和社会学者的研究中，我们知道了兄弟姐妹的差异性来自于三个主要因素。人的互补，首先来自于个性的差异，其次是年纪，而性别的差异也有关系。然后，交往的朋友不同，以及人生历练不一样，也都是造成互补性的机会。

在个性差异上，同一对父母创造了个性截然不同的孩子，是很考验父母的智慧与适应能力的。就算是双胞胎或三胞胎，他们出生的日期相同，时间点应该一样了吧？即使他们外形让人无法区分，但个性却会截然不同。不相信的话，你可以问问看那些有双胞胎或多胞胎孩子的家庭，他们的孩子个性是不是不一样。

有些父母会很纳闷，孩子是自己生的，怎么他们的个性却和自己如此不同？我的妈妈就一直被这个问题困扰。我的个性和我妈妈完全相反，叫她反应不来。没错，孩子的长相像父母，那是来自于基因。而个性则是个人的性格，是很独特的，只属于这个人而已，并且是与生俱来的。就好像我们的指纹一样，每个人都不同，是独一无二的。你说，这世界是不是很有意思？

排行的影响。

美国有许多专门的书，论述关于孩子出生的顺序不同，其个性和后天的发展也不一样。

由于每个孩子的个性都不同，因此，**拥有两个孩子就是两个孩子。两个孩子绝对不可能成为完全一样的孩子。**

正因为多方面的不同，造成兄弟姐妹之间个性可以互补。例如，我的哥哥的个性和我非常不一样，他是一个个性很内向、做事情很认真，也很严肃的人。而我，则是很外向、很爱玩、爱交朋友、活动很多的人。所以，如果我在家，家里就总是热热闹闹的，朋友来访来住几天都是很平常的事情。而我哥哥在家的话，情况就正好相反了。

因为我们那么的不一样，所以我的哥哥几乎不会主动来找我，都是我主动找他的。

既然我们的个性不同，那么我们在家里的角色和任务都是要互补。例如，我小时候家里要种水稻，而灌溉是水稻长得好不好的关键之一。灌溉是采取轮流的方式，也就是每个稻田灌溉的时间是需要排班的。

当时，我的爸爸外出工作不在家，然而很多时候我家的稻田会轮到半夜灌溉，我的妈妈又害怕一个人沿着水路巡察，这时就需要找一个孩子陪妈妈去。找谁呢？当然不是我的哥哥，而是我。我爱冒险，胆子又大，我会觉得半夜和妈妈走在田埂之中是很有趣的。但我的哥哥和我其他兄弟姐妹就没人愿意去做这件事情了。

同样的，小我两岁的妹妹的个性和我也非常不一样，她爱玩，但没我玩得那么多，她是一个面面俱到的人，照顾大的看顾小的，好像让每一个人都快乐和健康是她的责任。

我的两个孩子中，哥哥的个性是"慢郎中"，妹妹则是个急性子。在一慢和一急之间，他们自然会去调和。

看！老天爷多么善良，给的孩子都是不一样的，这些不一样的孩子会帮你把问题都解决掉。

兄弟姐妹的互补，在某些方面会造成老二的优势，包括：

① 由于老大年长于老二，因此老二在语言的学习上会有很多优势，例如单词和句子累积的速度比没有兄弟姐妹的小孩要快很多。他们说的话，复杂程度常常超过同年纪的小朋友，因为词汇量多。

② 很多事情，父母只需教给老大，老二就会从观察中学习掌握。老大是老二观察力的摇篮。

③ 老二无论在记忆力、专注力、洞察力、逻辑思考能力以及快速做决定的能力方面，都会有明显的提升，主要也是因老大而来。

④ 可惜的是，老大长于老二，因此很多事情、很多话，老大会代替老二说了，减少了老二发言的机会。例如，我有一个朋友，问他的小女儿要吃冰激凌吗？小女儿还没做出反应,她的姐姐就对爸爸说:"妹妹不吃冰激凌。"这样喧宾夺主的场景经常会出现。我的朋友就对长女说:"妹妹并没有说啊！"她的回答是:"妹妹不会说出来的！"

14. 孩子是互助的

兄弟姐妹之间的互助，是从小发展起来的。互助，让彼此的生命更美好，也更快乐，兄弟姐妹就能做一辈子的好兄弟姐妹。互助是可以通过教导而来的，父母要演好调和者的角色。

互助让孩子更健康快乐。

美国宾州州立大学组织数组兄弟姐妹参与 12 项课程研究，包括玩游戏、活动上的角色扮演、艺术活动、讨论等，做法是用正向的方式去教导兄弟姐妹之间进行沟通、解决问题、一起工作、合作完成计划等。

这项研究的结果是，参与控制组的这一组，就是用正向方式去引导的一组，最后自我控制能力、自信等等方面，都比无控制组要好。不但如此，控制组在学校的学习成绩也更好，更少出现忧郁倾向。

研究人员建议父母协助孩子，将自己看成是团体的一员，例如兄弟姐妹就是一个团体，而父母可以给兄弟姐妹以指导，让他们讨论和学习解决问题。父母可以帮助并鼓励孩子用正向的态度去相处、合作、沟通、解决问题。

这项研究甚至延伸到孩子的成年，结果是他们都更健康和快乐。兄弟姐妹之间互相合作，所带来的成果将影响整个家庭的人。长大了，孩子会用在这个课程中学到的方法去解决自己的问题，不会坐以待毙，或只是等着别人的帮助。

因为正向的力量是无穷大的。在正向的态度中，孩子们愿意一起合作，乐意给予对方协助。

一辈子的情谊。

这样的互助发展出来的兄弟姐妹情谊更坚固。最近我偶遇三位女士，她们说三个人年龄加起来超过二百岁。她们是姐妹又不仅仅是姐妹，还是彼此最要好的朋友。每个星期，三个人一定想办法相聚一天，聊聊天，吃吃饭，散散步，或者去泡泡温泉什么的。我还有一个美国朋友，七十多岁的她，也是每年都和自己的两个姊妹一起到国外旅行三个星期，而她们的丈夫都不可以参加。"这是姊妹情谊，不是男人的聚会。"她们对我说。

重整兄弟姐妹关系。

兄弟姐妹相助的方式有很多种。比如纽约市有一位叫雪柔的职业

妇女，她的丈夫斯蒂夫是律师。他们的孩子要出生了，但他们不愿意请陌生人当孩子的保姆，何况他们的经济条件也很不宽裕，美国人又没有坐月子的习俗，生完孩子后雪柔很快就得回到工作单位去工作。

怎么办呢？谁来照顾孩子？

雪柔想到自己那一年才见一两次面的、刚从大学辍学的弟弟，正彷徨不知道自己要做什么。于是，雪柔和丈夫邀请弟弟克里斯到他们家住，同时帮忙照顾婴儿。

克里斯刚开始反应很激烈："什么？要我去当保姆？！"不过，他后来改变了观念，愿意尝试，把自己假设成是小婴儿的爸爸那样去爱孩子，结果，他非常享受照顾这个小外甥的时光。

不但如此，克里斯帮姐姐照顾小婴儿的这段经历，也帮助他自己找到了人生的方向。雪柔和克里斯两人原本的家庭不健全，他们的爸爸是酗酒者，妈妈是忧郁症患者，而克里斯感到自己在那样的家里很孤独。但通过照顾姐姐的孩子，克里斯学会了怎么当爸爸，他也很期待将来拥有自己的孩子，并相信自己会成为一个好爸爸。

如今，两人不只是姐弟，还成为最要好的朋友。

八年后，雪柔和丈夫两人拥有的三个孩子逐渐长大，夫妻两人都成为童子军的领导者。斯蒂夫虽身为律师，但有些客户付不起账单，他们的经济又陷入困境。彼时，雪柔的弟弟克里斯已经成为四个孩子的父亲，正在离婚中。他除了工作外，还写小说。

雪柔说："我就知道我的弟弟可以克服他生命中的难关。我也乐意支持他成为小说家。爱一个人，就是要支持他成为想成为的人，不是吗？"

这是兄弟姐妹相助的故事，他们是活生生的人，生活中有许多的困境要解决，而兄弟姐妹因为相互扶持，会拥有更强大的力量。

掌握三角形诀窍。

我在美国大学读的是数学系，而几何是数学中一门重要的课程，就让我用几何里的三角形为例说明吧。将正三角形正着放，一个角在最上头，底下左右各一角，父母就是三角形最上头的那一角，两个孩子则各占据左右角。利用三角形的特点，父母站在三角形的上头，可以鸟瞰，也可以把孩子们拉在一起。如果父母从孩子小的时候，就帮孩子调解、沟通，那么孩子就会互相帮助，兄弟姐妹的关系也会更好。

例如，在我的孩子还小时，我就常对老大说："是你要妈妈生妹妹的，所以你得爱护妹妹，要帮妹妹长大喔。"同时，我对老二的说法是："你会出生，和哥哥有关。若没有哥哥的要求，你可能没有机会成为爸爸妈妈的孩子。所以，你要爱哥哥，要和哥哥互相帮助喔。"

但是有些父母不懂居中调停，结果使得孩子之间的关系变得恶劣，就是因为不懂三角形的关系。

花时间想想看，父母如何把三角形的诀窍应用到教养子女当中？孩子会互相帮助，一定和父母的教养有关系，而且是有重要的关系，因为父母起着关键的作用。**失和的兄弟姐妹，他们的父母一定有没做到位之处。**

最后，和你分享我在亚特兰大中国餐馆看到的证严法师的静思语——脾气、嘴巴不好，心地再好也不算好人。谨以此作为教养和做人的基本素养。

谢谢你花钱购买并阅读此书，但愿能给到你实质的帮助。在此我要祝福你和你的家庭幸福快乐！

欢迎写信给丘引，邮箱地址：chiuyin538@hotmail.com

图书在版编目（CIP）数据

二宝驾到：旅美资深育儿专家教你轻松应对二胎养育难题 / 丘引著. --
青岛：青岛出版社，2015.5
ISBN 978-7-5552-1659-9

Ⅰ . ①二… Ⅱ . ①丘… Ⅲ . ①婴幼儿—哺育—基本知识 Ⅳ . ①TS976.31

中国版本图书馆CIP数据核字(2015)第034243号

书　　名	二宝驾到：旅美资深育儿专家教你轻松应对二胎养育难题
著　　者	丘　引
出版发行	青岛出版社
社　　址	青岛市海尔路182号（266061）
策划编辑	周鸿媛
责任编辑	杨子涵
特约编辑	王　楠　李靖慧
设计制作	毕晓郁　任珊珊　潘　婷
内页插画	央美阳光
封面插画	青岛创意动感设计工作室
制　　版	青岛艺鑫制版印刷有限公司
印　　刷	青岛海蓝印刷有限责任公司
出版日期	2017年1月第1版　2017年1月第1次印刷
开　　本	32开（787毫米×1092毫米)
印　　张	8
字　　数	100千
图　　数	55幅
印　　数	1-8000
书　　号	ISBN 978-7-5552-1659-9
定　　价	32.80元

编校印装质量、盗版监督服务电话 4006532017　0532-68068638
本书建议陈列类别：家庭教育